建筑美学

（第二版）

编 著　吕道馨

重庆大学出版社

内 容 简 介

本书内容包括:美学基础知识,中外古建筑美学,建筑审美观念的转折与变化,当代世界建筑文化的交融。本书可供建筑学专业的本科学生作教材使用,也可供相关的工程技术人员学习、参考。

图书在版编目(CIP)数据

建筑美学/吕道馨编著.—2版.—重庆:重庆大学出版社,2012.8(2016.1重印)
土木工程材料本科系列教材
ISBN 978-7-5624-2379-9

Ⅰ.①建… Ⅱ.①吕… Ⅲ.①建筑美学—高等学校—教材 Ⅳ.①TU-80

中国版本图书馆 CIP 数据核字(2012)第 168536 号

建筑美学
(第二版)

编著 吕道馨

责任编辑:曾显跃 谭 敏 版式设计:曾显跃
责任印制:赵 晟

*

重庆大学出版社出版发行
出版人:易树平
社址:重庆市沙坪坝区大学城西路 21 号
邮编:401331
电话:(023) 88617190 88617185(中小学)
传真:(023) 88617186 88617166
网址:http://www.cqup.com.cn
邮箱:fxk@ cqup.com.cn (营销中心)
全国新华书店经销
重庆川渝彩色印务有限公司印刷

*

开本:787×1092 1/16 印张:9.25 字数:231 千
2012 年 8 月第 2 版 2016 年 1 月第 12 次印刷
印数:27 001—28 500
ISBN 978-7-5624-2379-9 定价:37.00 元

土木工程专业本科系列教材
编审委员会

前言

记得 1978 年上大学,那时是"文革"以后的百废待兴的时候,手中几乎没有介绍建筑文化与理论的教材。设计初步课程的一些资料都是老师自己誉画的,画得很精细的中国古代建筑及西方柱式建筑的一些蓝图。设计课的参考资料就更缺乏了,好在老师们都很敬业,也发一些自制蓝图资料。1980 年 10 月《世界建筑》杂志的出版发行,让学生们大开了眼界。

毕业后成为教师,开始讲授设计初步课,这时也有了《建筑初步》教材,对于初入"建筑"领域的学生,第一门课的作用是巨大的,它要担负起勾勒古今中外建筑发展全貌的责任。这就迫使我要在教材的基础上,最大限度地扩展学生的视野。但要把更多的历史的、现代的信息传给学生,这在多媒体手段被应用之前,困难很大。很久以来就想收集、整理一些有代表性的思潮流派以及受这些思想影响的代表作编印成册,供学生参考。尽管很多理论、设计大师的作品有了专集,但对学生来说,仍显深奥,仍是"奢侈品"。对于初学者来说,也许"杂集"的作用会更大些。

可喜的是重庆大学出版社组织的 21 世纪高校本科教材中有《建筑美学》这本书的计划,我欣然受命,但时间仓促,仅就手中的资料匆匆成册。想以简明的语言文字配以照片,向初涉建筑者介绍建筑的过去和现在的一些概况,目的在于让学生了解建筑创作的成功在于创新。对于建筑美的欣赏,书中特增设第 1 章——美学基本知识,以增加学生在美的认识上的基本概念。以免分别提到这些概念时,零散和不连贯,会造成认识上的混乱。

现在一些关心建筑的非专业人士对建筑的认识也很不全面,本书也想给他们提供一点建筑入门的知识和当代建筑的发展概况,也许能对建筑的认识和理解有些益处。本书如能对关心建筑的人起些参考作用,当是作者的幸事。

作为一名建筑学专业教师,我很关注建筑文化的新的思想和潮流,书中对一些理论和创作的认识有些引用了国内外"大家"的结论,部分是个人的一点思考,谬误和偏颇在所难免,不足之处,盼望读者指正。

2012 年 7 月

目录

第 **1** 章
美学基础知识

美学——研究现实的美的规律及其表现和人对美的欣赏与创造的科学。

美学学科的建立可以 1750 年德国美学家鲍姆嘉通 (G.Baumgarten，1714—1762) 出版的专著《美学》第 1 卷，创立了《美学》这门学科的称号作为标志。然而，东西方美学思想的历史则可追溯到遥远的古代，在长达两三千年的岁月里，无数的思想家、哲学家在美的神奇王国里，进行过艰苦的发掘，力图揭示美的本质，回答美的根源究竟何在。

1.1 美是什么

美也许是人们谈论得最多，但又表达不清的东西。

"美是什么"这一个历史久远的难题，柏拉图 (前 427 —前 347) 提出了"美是理念"论，亚里士多德 (前 384 —前 322) 提出了"美的整一"说。在我国先秦时代，孔子 (前 551—前 479) 提出了"尽善尽美"之说，庄子 (前 369—前 286) 提出了"道至美至乐"说。

美学思想的发展一般离不开艺术的发展，它以艺术的创造和欣赏所积累的经验为前提。特别是历史上曾经发生过重大影响的美学思想，它的产生更是与一定历史时期艺术的繁荣分不开。公元前 5 世纪前后，古希腊的奴隶制文化正处于黄金时代，成为欧洲文化的摇篮。音乐、戏剧、绘画、建筑、雕刻都取得了辉煌的成就。中国先秦艺术——诗、乐、舞给了先秦美学深刻的影响，没有先秦艺术就没有先秦美学。在艺术发展的基础上审美活动得以广泛展开，蕴育了美学思想的繁荣 。大体认为西方古代美学多把美与真联系在一起，而中国古代美学则强调美与善的统一。

德国哲学家黑格尔（1770—1831年）说："乍看起来，美好像是一个简单的概念。但不久我们就会发现，美可以有很多方面。这个人抓住的是一个方面，那个人抓住的是另一面，纵然都是从一个观点去看，究竟哪一方面是主要的，也还是一个引起争论的问题。"古今中外的美学家尽管对美的本质下了难以计数的定义，但依然是众说纷纭。莫衷一是，在研究和争论中形成很多流派。

历史上许多博学的思想家、美学家们写下的讨论美学的著作浩如烟海，而每一部新的美学著作中都产生了一种新的说法。如果我们可以总结，大致美学家们对美的本质的探索不外乎有以下3类：一类把美作为不依赖人的客观对象，人称"客观美论"；一种把美作为人的主观感受，人称为"主观美论"；第3类力图从主体、客体的关系上来解释美，人称"主客观关系美论"。

"客观美论"认为美在物体本身，自然和社会本身。这种客观存在是美感的惟一来源。古希腊哲学家亚里士多德就认为美"要依靠体积和安排"，凡是大小得体，比例适当，能体现出"秩序、匀称、明确"的形式就是美的。还有的认为对象的美是由于它们存在一种特有的审美属性，这种属性人们可以感觉它。

"主观美论"认为美不在物，却在心，在精神。他们认为对象本身并无所谓美与不美的问题。中国明代唯心主义哲学家王阳明（1021—1086年）说："美在吾心中。"英国唯心主义哲学家休谟（1711—1776年）这样说："美不是事物本身的属性。它只存在于观尝者的心里。"近代意大利主观唯心主义美学家克罗齐（1866—1952年）说："只有对于用艺术家的眼光去观察自然的人，自然才显得美。""如果没有思想家的帮助，就没有那一部分自然的美。"主观论在近代西方广泛传播，并成为西方美学思想的主导思潮，与这种理论重视人在审美活动中的作用分不开，而这一点恰恰是客观美论不足之处。我们常说的"情人眼里出西施"就是人对客体作出的带有个人感情色彩，符合自身审美情趣的主观评价。"主观美论"否定了美是一切美的对象既有的本质属性，显然违背了人们的审美常识。

"主客观关系美论"认为美既不在物也不在心，而在心与物之间，即主客观的统一。如德国的立普斯（1851—1914年）主张"移情说"，认为美是主观情感"移情"、"外射"到物质对象上的结果。立普斯原是一位心理学家，在慕尼黑大学当过 20 年的心理学系主任，他研究美学主要是从心理学出发的。

什么是移情作用？用简单的话说，它是人在观察外界事物时，设身处于事物的境地，把原来没有生命的东西看成有生命的东西，仿佛它也有感觉、思想情感、意志和活动，同时，人自己也受到对事物的这种错觉的影响，产生了同情与共鸣。"审美的移情说"究其实质仍是用美感观念代替了美，用主观意识代替了客观存在。

"美是什么"这个问题，自从柏拉图在两三千年前提出来后，各个美学家都作了自己特有的回答，颇有些像"不解之谜"，但美的事物和现象存在于社会生活、自然界及文学艺术之中，人们对于美还是极易感受到的，正如法国哲学家狄德罗（1713—1784 年）说："只要那儿有美，就会有人强烈地感觉到它"。

1.1.1　美的特征

（1）美是具体可感的形象

美的事物和现象的第一个特征，就是它的形象。凡是美，都可以被人们的感官感知，都具有形象。我国著名的美学家朱光潜教授（1897—1986 年）在《谈美》中这样说："……不计较实用，可以心中没有意念和欲念；他不推求关系、条理、因果等等，所以不用抽象的思考。这种脱净了意志和抽象思考的心理活动叫做'直觉'，直觉所见到的孤立绝缘的意象叫做'形象'。美感经验就是形象的直觉，美就是事物呈现形象于直觉时的特质。"

美的形象总是通过一定的物质材料如形、色、声等呈现出来。一个人的美，离不开他的形体和行为，就是"心灵美"，也必须体现在他的实践活动中。它生存的各种具体条件。人们讲到柳树的美，会想到"春风又绿江南岸"时，柳丝长长，柔嫩多姿，婆娑起舞的情景。

人们赞美西湖之美，总喜欢引用苏东坡的《饮湖上初晴后雨》诗中两句："欲把西湖比西子，淡妆浓抹总相宜。"其实诗中前两句直接描述西湖具体形象的话，才让你真正感受西湖之美。这两句是："水光潋滟晴方好，山色空蒙雨亦奇。"风和日丽之时，碧波千倾，涟漪不惊，红日朗照，粼光耀金，具有一种浓艳华丽之美；而阴雨连绵之时，群山起伏，一抹浅黛，雨帘重裹，影影绰绰，又有一种淡雅素静之美。

艺术美就更富于形象性了，艺术对现实的反映，绝非简单的抽象概括，而是寓抽象于具象之中，凭借色彩、线条、形体、声音、语言等物质材料来造型，从而为人们提供可以具体感受的对象。德国大诗人歌德（1749—1832年）说："造型艺术对眼睛提出形象，诗对想像力提出形象"。我们赞美维纳斯雕塑的美，是因为雕像把握了维纳斯各部分和谐比例，才显出了"断臂维纳斯"形象的完美。人们称赞宋人张先（990—1078年）天仙子词中"云破月来花弄影"佳句，仿佛看到月光被浓云遮断，夜色笼罩花枝，云儿在移动了，月亮又露出来，皎洁的月光又洒在花叶上面，微风习习，花摇影动，想到"明日落红应满径"。这是何其美妙的意境。

黑格尔说过："美只在形象中见出"，然而，形象是具体、生动、千变万化的，因而美就不可能千篇一律，万古不变，而是个性鲜明，绚烂多彩，异态纷呈的纷繁世界。当然，也不能有放之四海而皆准的创造美"原理和规则"。

美有崇高的美，秀丽的美，有刚性的美，又有柔性的美，有运动的美，又有静止的美，有华贵的美，又有平淡的美，有雄奇的美，又有优雅的美，怪诞的美，朦胧的美，残缺的美等等。那种否定美的形象的个别性，把美说成是一个模子铸造出的理论，在现实面前，无论如何是说不通的。

（2）美的感染性，是美本身固有的特点

"美在形象中见出"，不是说一切形象都有美可言。美能给人以愉快的审美享受，当人们感受美的景色，美的事物，美的乐曲，美的绘画，美的雕塑，美的建筑，心中都会洋溢着兴奋和喜悦。美的感染性，是美本身固有的特点，不是什么人主观外加的。它的来源，首先是美有其具体形象，可以作用于我们的感官，调动人们的情思，能给人带来幸福感和欢乐感，能引起人们的爱慕和追求，能使人心情舒畅，精神振奋。欣赏优秀的电影、电视、戏剧，阅读优秀的文学作品，会催人泪下，慷慨击节，陶醉其中。领略旖旎的自然风光，会让人"心旷神怡，宠辱皆忘"，流连忘返。其二，因为美所具有的属性适应了人类生存发展的需要，是对人类自身生活的一种肯定。美作为一种社会现象总是对人而言的，离开了人类的社会生活，就很难说清楚对象是美和不美的问题。狩猎时期的原始部落，最理想的装饰是动物的角、爪、骨、皮，尽管居住的地方鲜花遍地，但他们不以植物为美。结实能避风雨的房屋，对于"茅屋为秋风所破"的人来说，是最大的美的享受。人们是首先满足物质的需要，然后才去追求精神的需要。"食必常饱，然后求美，衣必常暖，然后求丽。"说的就是这个道理。所以可以这样认为，美的感染性这一特点，也会随着社会的发展变化，而有些被强化，有些被弱化。近代建筑史上流派的潮起潮落，也与社会历史前进密不可分，各类风格诞生的"美"建筑的代表作，所产生的感染力也会有此消彼长的反复曲折，但某建筑是美的，或曾经被多数人赞美，它们必然有过感染人的力量。这也充分地说明美的感染性这个极为重要的特点。一个形象不能打动人心，不能使人愉悦，人们会不会说它美呢？当然不会。

（3）美的形象要靠不断创新

人类的历史，是不断向高级社会形态发展演变的历史，这一历史过程永远不会完结。不论历史的进程多么曲折，人类绝不能老是停留在一个水平上。美本身也处于历史发展之中，美的形象反映着人的创造的智慧和力量，美要靠创新的形象来吸引人，感染人。美要是不随着社会历史一同发展前进，其审美价值便逐渐消亡。

从博物院的陈列品，从泛黄的老照片可以发现，旧时代的许多用具、服饰、摆设，以至建筑等，今天看来，绝大多数已经失去它们昔日的风采。人们也不会按照其原有的功能再去使用它们。这些物件或建筑，无论其内在质量，还是外观形态，却很难给人以美感了。当然，极少数古代的艺术珍品，直到今天仍然能给人带来一些美的享受。

艺术美的独创性更是十分突出。一切成功的美的艺术，都以其鲜明的独创性被世人认可。艺术一旦走入模仿、雷同，它的美也就丧失殆尽。所以美产生于人类改造世界的实践中，是主观交互作用的产物。人的创造性实践创造了美，美以直观的形象反映着人的创造。人的实践活动是社会的、历史的、具体的，这就决定了美也必然是社会的、历史的、具体的。在不同的社会和时代，美的创造呈现出种种不同的状况。

在古代社会，美比较直接地同生产实践保持着联系，一些手工艺者：陶匠、石、铁匠、金匠等成为"艺术的奠基人"（高尔基语）。随着生产力的发展，美与生产劳动之间，出现了越来越多的中间环节。美与物质产品直接功利的联系，渐渐为时代的社会功利所代替，美的对象呈现出极为复杂的现象。譬如，以西方建筑为例，从古埃及金字塔的原始神秘、古希腊神庙的和谐典雅，到古罗马建筑的世俗侈华、中世纪教堂的神秘辉煌。文艺复兴时古典回归，以及巴洛克的奇诞怪异，洛可可的妖媚柔靡，所有这些形形色色的审美追求，无不包含了创造者对所处年代政治的、经济的、宗教的现实考虑，但以上种种的审美的差异并没有阻碍美的创造，各个时期建筑都为人们留下了一些杰作。

优秀的艺术家当然应当学习前人留下的丰富经验，但在内容和形式上要有所突破有所创新。艺术家只有永远致力于创新，才能使作品具有审美价值。

1.1.2 美的形态

探求"美是什么"，了解美与人类社会实践的关系，可以激发我们对生活的热爱。通过对美的特征的了解，我们可以知道，美是一切美的对象所具有的本质属性，美是客观的，而不是人的意识所赋予的。人们在审美活动中直接感受到的是各种具体形态的美。美的基本形态可以分为自然美，社会美和艺术美3种。有人也把自然美与社会美总称为生活美。生活美是现实的美，艺术美则是生活美的一种反映。

（1）自然美

自然美的迷人风光使人心旷神怡，面对美丽的名山大川，激起人们美好的遐想。人们在盼望和计划登泰山极顶"一览众山小"，望庐山瀑布"飞流直下三千尺"，上岳阳楼望洞庭"衔远山，吞长江，浩浩荡荡"，登龙门瞰"五百里滇池奔来眼底"，让"数千年往事注到心头"。自然界以其独具的特色给人以特殊的审美感受。人们在欣赏自然风光时，无不赞叹大自然的鬼斧神工，诚然自然地貌，山林湖泊虽然存在千百年，亿万年，但景色却因季节、日照、云雾、雨雪等因素变幻无穷，雨中的峨眉，雾中的天都峰，雨中的西湖，雨季的西双版纳，大自然无时无刻不在把审美对象重新塑造，让你感到美不胜收。

自然之所以为美，当然离不开它的自然属性。人们喜爱梅、兰、竹、菊，把它们誉为"四君子"便与它们自身的自然特征分不开。梅的冰肌玉骨、兰的秀质清芳、竹的虚心有节、菊的傲霜斗雪，这些自然属性虽然先于人类认识而存在，然而，其他的花花草草为什么不被称为"四君子"呢？这就不能不联系人类的社会生活，人们的物质需要和精神追求来考察。人类社会的进步，人的实践活动，扩大了人们的视野，丰富了人们的需求，自然事物本身的属性，有了是否适合人的问题。凡适合于人的，人们则加以肯定，反之则加以否定。所以，自然美源于人类的社会实践，它与人类社会生活的联系，决定了它不仅具有自然属性，而且具有社会属性，是自然属性与社会属性的统一。自然属性决定了自然对象的形式特征，使它呈现为具体可感的形象；而社会属性则是指自然对象的社会价值，社会性意义以及它同社会生活这样和那样的联系。它是建立在自然属性的基础上的。

人们对于自然美的欣赏，也是历史地产生和发展起来的。在遥远的古代，人们对大自然的爱好，离不开为了生存的需要，动植物成了生产活动的对象和成果。落后的生产方式不可能使人们把自然环境与生产过程分离开来，自然景物也没有成为人们独立的观赏对象。

随着生产力的发展和劳动产品的增多，自然作为人类生存的环境，作为同人类生活发生了密切联系的东西，开始进入艺术之中。《诗经》中有这样的名句："昔我往矣，杨柳依依；今我来思，雨雪霏霏"。杨柳、雨雪都不只是被独立歌咏的对象，而成为能够在情感心理上感染人，具有美的意义的东西了。

孔子说："智者乐水，仁者乐山。智者动，仁者静；智者乐，仁者寿。"孔子的话本来是从"君子"的人格修养上来说明"智者"和"仁者"各有侧重的品质特征。但在他这种说法里，同时意味着人们精神品质的差异，对自然山水的喜爱也就不同。"智者"之所以"乐水"，是因为水有川流不息的"动"的特点。水滋润万物而无私，似德；它所到之处给万物带来生机，似仁；它奔腾澎湃，冲过千山万壑之间，似义；它有深有浅，浅可流行，深者不测，似智等等。"仁者"之所以"乐山"是因为长期育万物的山具有阔大宽厚，给人们带来利益而自己无所求，具有"静"的特点。孔子在《论语》一书中还说过："为政以德，譬如北辰，居其所而众星拱之"，"岁寒而后知松柏之后凋也"这样一些话，同样是从人的伦理道理的观点来看自然现象，把自然现象看做是人的某种精神品质的表现和象征。在中国美学史上。几千年来经常把自然的美和人的精神道德情操相联系，着重于自然美所具有的精神的意义，极富人情味。不能不说是导源于孔子"智者乐水，仁者乐山"的美学思想。

俄国唯物主义哲学家、美学家、作家车尔尼雪夫斯基（1828—1889 年）曾这样描述水的美："水，由于它的形状而显出美。辽阔的,一平如镜的,宁静的水在我们心里产生宏伟的形象。奔腾的瀑布,它的气势是令人神往的。水,还由于它的灿烂透明,它的淡青色的光辉令人迷恋;水把周围一切如画地反映出来,把这一切屈曲地摇曳着,我们看到水是第一流的写生画家。"黑格尔曾经说:"自然美是为其对象而美,这就是说,为我们,为审美的意识而美。"

20世纪最后二三十年,中国人走上小康之路,旅游成为时尚。一时间,在一些相对闭塞落后的地区,人们"发现"了众多的旅游胜地,为何称之为"发现"呢?当地的自然景观已经存在千万年,当地的居民也在这自然景观环境中生存了千万年,然而,有的一经"发现",就成为世界级的宝贵遗产。为何以往的当地人会对这美的遗产熟视无睹呢?这雄辩地说明了物质生活极大改善,文化素质的提高,精神需求相应地扩大,使人们逐步在审美实践过程中,逐渐提高了审美修养和审美能力。当自然物的一些属性,特征一旦转化为美的构成因素,那么它所表示的就不再是原来意义上的单纯的自然物,它已经被 改造成为具有丰富社会内容的观赏形象了。伟大的作家高尔基(1868—1936年)说:"打动我们的并非山野风景中所成的一堆堆的东西,而是人类想象力赋予它们的壮观"。虎跳峡之美,在于它显示着奋进与拼搏;九寨沟之美在于它给人以温柔和娴静;黄果树瀑布十里涛声,漫天水雾,让你心灵为之而震撼,感受到生命之可贵;黄山日出的一刹那会让你欢腾跳跃,感受到蓬勃的生机与漫长黑暗的不堪一击。

古人把"读万卷书,行万里路"看成是成才的一条规律。古今中外许多优秀人才的成长,许多不朽之作的问世,都与这些伟人在青年时期得到大自然的陶冶分不开,他们在游历壮丽山河中认识历史、思考人生、丰富知识,奠定了他们成才的基础。英国著名生物学家达尔文(1809—1882年)说:"再没有什么事情会比长途旅行更加能够使青年科学家得到进步了"。孔子周游列国,"登泰山而小天下";李白一生遍游名山,"敏捷诗千首,飘零酒一杯"。现代主义建筑代表人物柯布西耶(1887—1965年)青年时足迹遍及欧洲,成为20世纪最伟大的建筑师之一。

(2)**社会美**

美不仅存在于自然界,还存在于社会生活中。在社会美中,人是美的中心,人的美集中体现了社会美的特点。

人的美包括外在美与内在美两个方面。外在美指的是人的相貌、体态、服饰、行为、风度等方面；内在美指人的精神品质，心灵和情操等等。内在美要通过外在美来表现，外在美受到内在美的制约，人的美正是这二者的统一。

人的相貌、体态，通常称为人体美。人体美是一种自然美。世界上不同的人种，民族，因生活条件和遗传因素的不同，各有地区的，民族的形体美标准。人们一般认为，人的形体的各个部分，各个器官的大小、形状、位置、颜色等，都是以接近本民族，本地区同性形体的平均值为最美。人体美也是一种形式美，作为审美对象的人的外在形式集中地体现比例、均衡、对称、和谐等形式美的规律，古希腊时期的人本主义世界观一个重要的美学观点认为，人体是最美的东西，希腊艺术家应用、模仿以人体美的和谐比例来创造建筑形象。人体美最早作为审美对象，比人们对自然美的欣赏还要早。绘画、雕刻中的人体形象早在新石器时期就已出现，而风景画作为一种独立的绘画体裁出现，已经是 16 世纪末 17 世纪的事了。古代的艺术巨匠们都是人体艺术解剖学的专家。他们孜孜不倦地去研究形成美的人体的每一根骨头，每一块肌肉，然后才成就了他们不朽的传世名作。

当然，人的形体、相貌，也不是纯粹外在的，内在的神、情也会通过外在的貌表现出来，黑格尔说："目光是最能流露灵魂的器官，是内心生活和情感主体性的集中点。"他还认为口也是面部仅次于眼的最美部分，"口通过极度轻微的运动和活动可以生动地表达出毫厘不差的讥讽，鄙夷和妒忌以及不同程度的悲，就连静止状态的口也可以表现出爱情的温柔、严肃、拘谨和牺牲精神等等。"

人的外在美除了人体本身外，人的服饰、鞋帽发型，手镯耳环，举止姿态也是外在美的组成部分。服饰是人的外在风度的重要成分，因而其审美功能不容忽视，服装的色彩、款式、质地等，应与自己的体型相协调，与自己的职业、身份、性别、年龄、学识、修养相协调。在工作的场所、严肃的场所、休闲的场所、娱乐的场所等不同环境，服装应尽可能因时因地而异，适度得体，以求得与形体的和谐统一。发型、化妆、首饰等人工修饰手段，可以达到对面部各部分比例进行细微的调整，通过对某些部位的遮盖或突出增添形式美的魅力。

人们在长期的审美活动中，逐渐认识到内在美更重于外在美的道理。古希腊唯物主义哲学家德谟克利特（约公元前460—公元前370）说："身体的美若不与聪明才智相结合，是某种动物性的东西。"在我国先秦时期，对于美的看法，也处处强调美与善的统一，认为真正的美是内在人格的善表现于外部的东西。个体内的努力修养而充实于内的善，当它表现于外时，就成为美。大诗人屈原说："满内而外扬"，说的就是"内部充实了，外表自有辉光"（郭沫若译句）。

（3）艺术美

同自然美与社会美不同，艺术美不是美的客观存在形态，艺术美是一种观念形态的美，是人类审美意识的结晶。艺术美作为生活美（自然美与社会美的总称）的反映，一方面反映现实，一方面又融进了艺术家思想感情。这一特点决定了艺术美同客观与主观的特殊关系，形成了它特有的认识作用，教育作用和美感作用。

我们说生活美是艺术的源泉，是最生动、最丰富的，但它与艺术美相比较，其美学意义远没有艺术美那样具有更高的审美价值与持久的生命力。

现代画家黄宾虹（1865—1955 年）擅画山水，他对自然美中的山水与绘画中的山水画区别，有这样一段话："山川入画，应无人工造作之气，此画图艺术之要求。故画中山川要比真实山川为妙。画中山川，经画家创造，为天所不能胜者。"他又说："山水画乃写自然之性，亦写吾人之心。山水与人以利益人生息其间，应予美化之。"艺术美的创造正因为写进了艺术家的"吾人之心"，使生活美得以强化，它比生活中的美更典型、更有代表性。画家崇尚"智者乐水，仁者乐山，"的精神境界，当然会把"生息其间"的山川加以美化。艺术美是艺术家主观感受的体现。任何成功的艺术作品总是传达了艺术家心灵的声音，倾注着艺术家追求艺术美的热情。

有些美学家着重从形式方面探求艺术美。把艺术美归结为与内容无关的形式。他们过分地夸大了形式在艺术中的作用。我们说艺术作品和任何美的事物，都是内容和形式统一。艺术美就其内容来说，是艺术家对于生活美的真实反映。就其形式来说，它是作品的存在方式，是艺术家运用一定的物质媒介创造出来的体现个性鲜明，具体可感的形象来反映社会生活的艺术形式。没有形式，艺术作品无以存在；而没有内容，艺术形式也无以依托。黑格尔曾强调内容的决定作用："形式的缺陷总是起于内容的缺陷。……艺术作品的表现愈优美，它的内容和思想也就具有愈深刻的内在真实。"现实生活中，一些大部头、大制作的电影、电视作品，其卖座率、收视率明显低于一些内容充实，形象丰满的作品，说明其失败的原因在于艺术感染力的不足，没有把内容与形式完美地融合。

艺术对社会生活的反映，不是把客观世界的现实全部再现在作品里。艺术是对生活形象的捕捉，再现与创造，它以审美化的典型形象表达生活中的美与丑。艺术美的创造要经过一个美的强化过程，一方面把原来分散的美集中起来，使之更强烈。另一方面又要把与美混杂在一起的多余的杂质去掉，使之更纯净。俄国现实主义美学家别林斯基（1811—1848 年）说："没有典型化，就没有艺术。"历史上许多美学家认为，典型问题在实质上就是艺术本质问题，是美学中头等重要的问题，它是与美的本质密切联系在一起的。托尔斯泰（1928—1910年）说："如果直接写某一个人，那写出来的决不是典型——结果是个别的、特殊的、索然无味的某种东西。我们正是应该从某个人那里取来他主要的，有代表性的特点来补充，那时才会是典型的。"因此，艺术家在艺术作品的创造过程中，总是有了大量的、丰富的对于个别，偶然的现象的积累后，选择最富有典型意义的个别事物，在遵循生活真实的基础上，精心锤炼，适意安排，允许有艺术的虚构，创造出典型形象这一"特殊个别"来揭示生活的本质和规律。鲁迅先生在《我怎样做起小说来》一文中，说他的人物形象"没有专用过一个人，往往嘴在浙江，脸在北京，衣服在山西，是一个拼凑起来的角色。"鲁迅先生在《阿Q正传》中，正是用了阿Q这个典型人物，深刻揭示了旧中国的病根之所在。

德国天才诗人、美学家歌德（1749—1832年）说："艺术家一旦把握住一个自然对象。那个对象就不再属于自然了；而且还可以说，艺术家在把握住对象那一顷刻间就是在创造出那个对象，因为他从那对象中取得了具有意蕴，显出特征，引人入胜的东西，使那对象具有更高的价值。"他还说："艺术应该是自然的东西的道德表现。同时涉及自然和道德两方面的对象才是最适宜于艺术的"。诗人告诉我们，自然的东西单就它的自然性来说，还不是艺术的对象，它必须同时具有社会性，才能成为艺术的对象，才能进入艺术的领域。因此，艺术中的美要比它的生活原形更美，更富有理想性。它不但体现着艺术家对生活中美与丑的爱与憎，而且也反映了作者对生活理想的追求与向往。

艺术美通过艺术作品具有一定形式：听觉艺术——音乐；视觉艺术（造型艺术）——绘画、雕刻、建筑、以及书法、篆刻等；语言艺术（文学）；综合艺术——戏剧、电影、电视。这些艺术作品的美学意义较之生活中的美来说，它不再受时间和空间的局限，人们完全可以从艺术美中欣赏到不同时代，不同地域的生活美。当然，艺术作品中只有真正源于生活高于生活的作品，才具有美学价值。

1.2　美　的　欣　赏

1.2.1　美感

美感是人类所独具的高级意识，是人这个审美主体对客观存在的美的对象的主观反映，是人们在审美过程中的心理感受，它始终伴随着强烈的感情活动。人们要审美就要有与美的特性相适应的审美感官，具有审美能力的人的感觉器官的形成是美感产生的必要条件。人的耳、眼、鼻、舌等感官和动物的感官是很类似的，在某些感觉程度上，甚至还不如动物灵敏，如猫头鹰的夜视，猎犬的嗅觉，兔子的听觉，都是人生理上达不到的。但动物的这些感觉是低级的、原始的、粗野的，人的感官却是高级的、文明的、社会的。人具有动物不具有的心理结构，具有思维与情感等心理活动。人是否来对来自客观的美的刺激作出反映，获得美感，就需要人们在社会生活中参与审美实践的锻炼。

人类的美感是随着人类的社会实践活动不断展开而不断发展的。社会实践的丰富性，带来了美的对象的丰富性，美的对象的丰富性形成了人的感受的丰富性，人的美感体验在丰富的感受中得以逐渐发展。作为一种社会历史现象的美的对象大都凝聚着人类丰富的历史经验，美感作为人类高级精神活动之一，其发展必然与社会的发展同步，走过了从简单到复杂，从笼统到具体，从原始到文明的发展历程。

车尔尼雪夫斯基（1828—1889 年 ）说："美感认识根源无疑是在感性认识里面，但美感认识毕竟与感性认识有本质的区别。"在审美实践中，美感保留的直觉性特点并不能否定和排除美感认识中有理智因素的存在。欣赏美的对象时，需要同时具备同具体的审美对象相适应的历史文化知识，才可能领悟美的对象的深层内涵。人们即便在欣赏形式胜于内容的自然美过程中,也要具备一定的文化知识,了解自然景物所处的特定的风土人情。自然景物形成的传说故事,这些启发了我们对自然美的敏感,有助于我们对自然景物的审美体验。船过长江巫峡,神女峰成为人们争相一睹的景观,人们对山顶一块巨石的神往绝不仅仅是直觉的美。有人说她是渔人的妻子,江中的狂风巨浪,夺去了她丈夫,她盼夫心切,成年累月抱着小孩站立在峰顶眺望归舟,年复一年,化成了这块巨石。有人说,她是王母娘娘的第 23 个女儿瑶姬下凡到人间玩耍,在巫山上空见蛟龙作恶,便用巨雷炸死蛟龙,开拓了航道。她看到巫山航道易让船只触礁沉没,便留在巫山石崖上为船民导航。不论是渔人妻子的忠贞的爱情,还是瑶姬姑娘的为民谋利,都唤起了人们理智的思考和联想。这种美感的获得,是一块山顶巨石直觉的形式美所不能代替的。

车尔尼雪夫斯基这样说:"美感的特征是一种赏心悦目的快感。"美的对象能使人产生喜悦和愉快,这点人们都能共同感受到。但是美感并不等于快感,快感是纯生理方面的,它能引起生理的舒适和愉快,它只是美感产生的生理基础和必要条件。人们在饥饿时需要进餐,干渴时需要饮水,疲劳时需要休息,寒冷时需要温暖,炎热时需要凉爽等等,这一切需要得到满足时,人们获得了直接的快感。而美感却是属于精神上的享受,不同于视觉、听觉、味觉、嗅觉上的直接快感。德国哲学家康德(1724—1804年)说:"一个审美判断,只要是掺杂了丝毫的利害计较,就会是很偏私的,而不是单纯的审美判断。"他还说:"审美的快感是惟一的独特的一种不计较利害的自由的快感,因为它不是由一种利益(感性或理性的)迫使我们赞赏的。"对于审美快感的特点,康德提出了审美者首先要感到它美,然后才会产生认为它是美的,审美赏心悦目的快感是审美在先,愉快在后的,也就是说审美的快感的获得,是人被调动起来的各种心理功能,对美的对象进行欣赏,而后由这些心理活动产生的综合成果。

审美愉悦成为"自由的快感",在对个人功利的超脱中,隐含着深刻的社会功利。普列汉诺夫(1856—1918年)在《论艺术》中正确地指出了美感同社会功利的关系。他说"在文明人那里,美的感觉是与许多复杂的观念联系着的"。又说:"为什么一定社会的人正好有着这些而非其他的趣味,为什么他正好喜欢这些而非其他的对象,这就决定于周围的条件"。普列汉诺夫认为功利观点是影响人们审美感觉的重要方面。这种社会的功利性与个人审美时的非功利性形成了美感特有的矛盾二重性。

对于内容与形式相统一的艺术美来说，更体现了对善恶、真假的褒贬及对作品的肯定与否定，在这些不同的审美评价中都包含了对社会功利、社会效果的考虑。由于美感存在着矛盾的二重性和对待这种二重性的不同态度，形成了不同的艺术理论。注重美感的社会功利性的，则往往强调艺术的社会职能。而片面强调审美时非功利性一面的，则往往"为艺术而艺术"，形成非理性主义的艺术理论。长期以来，人们对艺术与社会功利的关系争论不休，这与美感本身的矛盾二重性很有关系。我们只有正确处理这个矛盾，既要看到艺术与社会功利的联系，又不能忽视艺术本身的特点，才能创造出思想内容到形式都尽可能完美的艺术作品。

1.2.2　审美标准

人们在审美活动中，特别是对艺术美的欣赏中，是否要遵循一个共同的准则，作为审美判断的客观标准呢？各种派别的美学家为它耗费了不少精力。有的认为审美评价存在着客观的尺度，标准是绝对的；有的则认为标准因人而异，"趣味面前无争辩"，不承认任何客观标准，认为审美评价纯属于主观精神范围内的事，它是相对的。这场"笔墨官司"至今没有结束。

审美标准作为人们审美过程中的理性因素，是社会意识的组成部分。社会意识是社会存在的反映，它的一切内容都是由社会所处的客观历史条件来决定的。正确的审美标准其根源存在于客观的美的现实之中，客观的美决定着审美标准的客观内容。我们说自然美"贵在自然"，是以其客观的自然性为主要特征来欣赏的。我们要求用艺术的真实性、典型性，来评价艺术美的高低文野，也是由于艺术美的真实性与典型性是我们能客观评价的。

我们承认审美评价存在着客观标准，那么，这个标准是相对的，还是绝对的？我们说是相对与绝对的统一。对于审美标准的相对与绝对的关系，我们必须用历史的发展的观点去认识。人们在社会实践的基础上形成的任何一种新的审美认识，必然是对旧的审美标准的否定，但否定并不是简单排斥，而是在向前发展的过程中舍弃陈旧的、腐朽的、没落的东西，发扬积极的、向上的、具有生命力的东西。一种新的审美标准的确立也不可能长驻久存，它又必然在历史的不断发展中被更新的标准所代替。

人们各自把握的审美标准是否科学，取决于多方面的因素，但都应以社会实践为出发点与归宿。能符合美的规律的就是科学的、进步的。反之，则是片面落后的。即便是符合某一阶段的客观的、进步的审美标准，也不能涵盖一切历史阶段，如果把它夸大到独步历史，超越时代的永恒地步，必然会堵塞美的创造，使思想僵化，阻碍美的进步和发展。我们只有把握了创造美的一般原理，不断探索，才能找到时代的，民族的共同美。

审美标准就其产生的时代以及它依赖的社会实践来说，具有绝对性一面。古希腊、古罗马时期的建筑艺术，对于它们所处的时代，人们的审美习惯而言，它的美是绝对的。当文艺复兴的伟大运动兴起，人们在考古和整理历史文献中重新认识它时，审美标准得到发展，新的审美标准出现了，过去的标准具有了相对性，新的社会实践活动不可能重新回到那逝去的年代。这就是相对与绝对的对立统一关系。鲁迅先生说："以各时代各民族固有的尺，来量各时代各民族的艺术，于是向埃及坟中的绘画赞叹，对黑人刀柄上的雕刻点头。"鲁迅先生的话清楚地告诉我们：不能以现代人的眼光否定历史上的审美标准。

历史在前进，审美标准在不断出现新旧交替，人们的审美认识也会不断进步和发展。我们在强调新时代的审美标准时，应当不排斥对于旧的、过时的审美标准的继承和联系。以此类推，新的审美标准的形成，也必然为后人留下可资借鉴的因素。

现代的一些成功的艺术家，他们很好地吸收和借鉴了历史留下的审美规律的合理的成分，为新的审美认识的发展长河汇增着涓涓细流。没有历史逝去的审美标准承前启后的作用，就不会有新的标准的诞生。文革中那种"横扫四旧"的做法，只能带来一片荒芜的文化沙漠。那种不懂得审美标准的相对中存在绝对。把相对夸大到绝对的看法，不符合人类审美活动的历史实际。

审美标准不但是历史的，而且是具体的。对于各不相同的美的内容和形式，都应当有其相适应的审美要求和标准。我国现代书画家齐白石（1863—1957年）在谈到绘画艺术时说："作画妙在似与不似之间，太似为媚俗，不似为欺世。"黄宾虹说："古人言'江山如画'，正是江山不如画。画有人工之剪裁，可以尽善尽美。"前述二位大师的观点适用于中国国画的审美标准。在西方，古希腊思想家赫拉克利特（约公元前530—前470年）认为："绘画混合白色和黑色、黄色和红色的颜料，描绘出酷似原物的形象。"苏格拉底说："绘画是对所见之物的描绘。"柏拉图说："图画只是外形的模仿。"在这些思想中成长的西方学院派画家一直是把"真"作为绘画的审美标准。因此，对于中国国画与西方油画的审美标准是不同的，我们不宜用一个标准去涵盖一切模式。审美标准是具体的，是因对象而异的，但是否可以得出审美标准没有普遍性？当然不是，任何具体的审美标准，尽管有其一定的应用范围，适用于一定的审美对象，但是任何一种美的对象，都是个别与一般的统一，都离不开其自身体现的美的本质。

1.2.3 审美差异

人们在审美过程中，对于同一事物和形象往往会产生不同的审美感受。或者同一事物或形象对于同一个人在不同时期会引起不同的审美感受的现象，美学上称之为审美差异。黑格尔说："每种艺术作品都属于它的时代和民族"。在谈到审美标准时，我们说实践发展了，时代不同了，人们用以判断美的标准就大不一样，因此审美的时代差异必然历史地存在，使人们的审美认识具有了明显的时代特征。

我们知道，民族是历史上形成的人的稳定的共同体。同一民族一般有共同的语言，共同居住地域，有共同的经济生活和表现在共同文化上的共同的心理素质。各个民族在生活习惯，文化传统，民族心理和感情等方面形成的民族之间的差异是客观存在的，这就使审美认识上的民族差异，也成为必然的结果。

在我们今天的国际文化交往中，我国一些极具民族特色的艺术作品、音乐、电影、手工艺品等等深受海外朋友的欢迎。一场场中国民乐音乐会倾倒了维也纳音乐厅中众多有较高音乐欣赏素质的观众。电影《红高粱》、《卧虎藏龙》也倍受赞赏。这些不正是说明了不同民族的审美差异，相对于异族文化来说有其独有的魅力，让西方人感受到汉民族文化艺术的异峰突起，也充分说明了审美差异并不能改变对于美的客观认识。

人们的审美修养，个人的经历和学识也决定着人们在审美认识上的差异。对于从事艺术创作的专业人士，他们的社会分工和实践使他们在自己特定的专业方面比别人获得更多的知识。作曲家具有敏锐的听觉，他们辨别音响的能力，是没有受过训练的人无法相比的。画家的眼睛对光的明暗对比，色彩的明度、色度的辨别能力很强，画家还具有较强的视觉记忆能力。这些，对非专业人士来说是难以与之相比的。另外，专业人士一般都对自己从事的专业所涉及的领域有更多的了解，他们熟悉专业艺术门类的历史和现状，熟悉某类艺术审美认识的发展和变化。因此，他们的审美认识要全面和客观得多。当然，我们一般的审美大众要通过提高自己的审美修养，提高自己的历史、文化知识，不断总结审美经验，这样才能从艺术中获得美的享受。艺术家在创造美时，其个体受到自身的学识、修养、社会实践的局限，存在着审美的差异。欣赏者不也是在"各尽所能"，其差异必然存在。

客观存在的审美修养上的差异，表现在审美欣赏上就不可能整齐划一，出现了各自的审美趣味。审美趣味的多样性，本身并没有成为审美活动的阻力，它成为一种客观需要，为艺术表现形式的多样化提供了有利的条件。

第**2**章
中外古建筑美学

建筑美学是研究建筑与现实审美关系的一般规律的美学门类，是研究建筑领域中美学问题的科学。古典美学家把建筑列入艺术部类的首位，建筑和绘画、雕刻合称为三大造型艺术。这三大艺术有艺术的基本共性，又分别具有本身的个性。

艺术感染力、艺术风格、一定的社会内容决定了一个艺术品的审美价值。作为艺术门类之一的建筑艺术，其审美活动与其他艺术审美活动的最大区别在于审美过程。建筑艺术的特征具有象征性、功能性、地区性、时空交汇性、技术性。建筑使用者在使用过程中获得美感、得到享受，非建筑使用者将它看成绘画、雕塑。人对建筑的美学感受是全身心的，不同的人可以有不同的视角对建筑加以审美判断。

人类在各个历史阶段上所形成的审美标准都是各个历史时期社会实践的产物，社会实践是不断发展变化的，审美标准也必然随着它的发展变化而具有暂时性、相对性。历史的长河滚滚向前。建筑审美的认识形成过程也不断更替，这即是人们审美活动的历史必然。

东西方古代建筑千姿百态，人类经历了几千年的建筑审美价值观的变迁，建筑审美的标准也必然打上时代的烙印。

2.1 中国古代建筑传统的多层次构成

中国是世界历史悠久、文化发展最早的国家之一。辽阔的国土、众多的民族，多样化的自然风貌的大一统中国，数千年来保持着统一和持续的文化形态。中国建筑文化就是在这个深厚的土壤中萌芽、成长，成为中国文化的重要组成部分。对中国古代 建筑美学的研究，离不开对中国古代哲学的研究。中国传统的哲学思想是中华古文化的精华。中国古代建筑传统中所反映的价值观念、思维方式、行为方式、审美意识、文化心理等等，一般都以一定的古代的哲学为基础，建筑美学更是与哲学浑然一体，深刻地影响着中国古代建筑。

民族文化是一个民族固有的生活、思想价值观的总和。建筑物是一个文化的缩影，以文化来解释建筑，了解建筑，是我们回顾总结"建筑传统"更有意义的手段。中国传统建筑的设计原则研究不应当仅仅偏重于建筑物的造型，建筑传统也不仅仅是木构架+大屋顶+斗拱+须弥座 + 和玺彩画的考古和整理。加深对中国古代传统建筑的设计理念的系统化认识，才能成为一种活的文化传统，取其精华去其糟粕，有效地应用于当代建筑师的创作中。在世界各大民族和文化传统中，中华民族是最重视伦理道德作用的民族之一。这一点深刻地影响了中国古代哲学和中国古代艺术。在这源远流长的中国文化传统中，不难找到中国建筑文化的"神韵"。

中国古代美学思想中认为艺术的美与丑有其客观的根据和标准，主张艺术必须"约之以礼"。战国末期思想家荀子（约前313—前238年）认为，艺术的重要作用就在于他能把人的感情欲望导向礼义。建筑艺术与其他艺术门类一样，它的产生是当时所处的时代社会生活的缩影，一个时代审美观念的形成也不是孤立的、单向度的，它必然受到这一时代的社会思想的影响。

历史是一个时间，它走了以后，化成了一个空间，建筑存在于这历史创造的时空中。建筑作为时空的艺术，它的存在可以是几十年、几百年，它所体现的伦理价值要为现实的伦理秩序服务。中国古代建筑等级制度持续了 2 000 多年，礼治、礼教维护了"君君、臣臣、父父、子子"为中心的等级制。早在春秋战国末年，儒家经典《左传》说"贵贱无序，何以为国"。元末参加农民大起义刚建立明朝的明太祖朱元璋说："近世风俗相承，流于奢侈，闾里之民服食居住与公卿无异，贵贱无序等，僭礼败度，此元之所以失败也。"可见尊卑等级制度被提到影响政权存在的高度。

有人说"传统建筑是传统礼制的图示"。可见传统的礼制性建筑在我国古代建筑活动中占据着重要的地位。在中国古代建筑中，人们花费在非实用的建筑和非实用方面的智慧和财富是建筑实用部分无可比拟的。《礼记·曲礼》

图2.1.1　天坛祈年殿

说："君子将营宫室，宗庙为先，厩库为次，居室为后"。中国古代建筑的审美特征首先是高度强调了美与善的统一，强调了建筑艺术在伦理道德上的作用。建筑创作中把其社会内容，象征涵义放在了显著的突出地位。

2.1.1　礼制性建筑的类别

（1）坛、庙

在中国古代社会，皇帝是"天子"，皇帝的一切行动都秉承了"天"意，"天"成了至高无上的主宰。在天命论的迷信中，天地、日月、山川都成了人格化的神。为了表示"天子"与神祇之间的联系，祭天地成了皇帝立国安邦之本，作为封建王朝首要的国家大事，于是皇帝们历代相沿，大兴土木，修建了许多祭祀性建筑——坛。北京天坛就是其中代表作。

天坛建于明十八年（1420年），是由一组由内外两重围墙环绕的建筑群，面积约280公顷，围墙内基地平面接近正方形，北面两角为圆角，南面两角则为直角，附会"天圆地方"之说。外围墙南北长1 657米，东西宽1 703米，其面积为紫禁城（961米×753米）面积的3.8倍，足见"坛"在礼制建筑中的突出地位。在内围墙内，沿着南北轴线，南部祭天的圜丘与北部祈祷丰年的祈年殿是天坛最主要的两个建筑，中间由一条长400米，宽30米，高4米的砖砌大道——丹陛桥连接。

祈年殿位于丹陛桥北端，它是一座高38米，直径26米的三重檐圆形大殿，座落在面积近6 000多米的三层汉白玉台基上，台座名祈谷坛。祈年殿由28根木柱支撑着

图2.1.2

沉重的屋顶，28根木柱分为三层，各有着其象征的意义。中间四柱，称为"龙进柱"象征一年四季。四根之外，两层环形柱，中间12根，称之为"金柱"象征一年12个月份。最外层12根，称之为"檐柱"，象征了一天的12个时辰。24柱象征了24节气。

清乾隆皇帝弘历(1710—1799年)是一位"制礼作乐"的能手，也是一位颇有艺术修养的人。他在位60年间，经他亲自过问，指点和参与设计的建筑，从宫殿、坛庙、陵寝到园林、寺观，不下100多万平方米，把中国传统建筑推进到一个新的水平。其中，乾隆十八年（1753年）改建明朝大享殿竣工，更名为祈年殿，使之成为一项不朽的杰作。原先三重屋顶为黄、绿、蓝三色，三层、三色象征了天、地、人三方，集天地万物于一体。改建后三重屋顶和庭院内其他屋顶全部改为蓝色琉璃瓦。碧空下，三层洁白的圆台，托着一座比例端庄，色调典丽的圆殿，深蓝色比喻青天的三重檐层层向上收进，屋顶端部环形镏金宝顶，阳光下闪闪发光。给人深刻的印象，祈年殿建筑的美学价值，远远超出了四时节气时辰的低级象征，而是以它完美的比例，造型、色彩、工艺给人以高度的美的享受(图2.1.1，2)。

天坛的建筑布局，先用一条高出地面的丹陛桥构成轴线，直贯南北，轴线上建筑主次分明，以不同高度的围墙形成庭院，有收有放，反映了古代建筑师卓越的空间组织才能。为突出圜丘的高度，在圜丘外作了两层矮墙，用对比手法凸现圜丘的空间尺度，使之更显高大。天坛建筑群的布局和设计体现了人们对"天"的认识，汇聚了古代建筑师创造性的劳动和智慧。

在明清时代，坛作为祭祀活动的礼制建筑已构成一套完整的系列。在北京城内外，就分布着圜丘（天坛）、方泽坛（地坛）、朝日坛（日坛）、夕月坛（月坛）、社稷坛、祈谷坛（天坛祈年殿）、先农坛、先蚕坛、天神坛、地祇坛等等，作为充满迷信色彩的祭祀建筑，它内中也包含着充实、圆满、和谐、崇高等审美的理想，把用以象征天地万物的涵义融进了和谐的造型艺术中。

早在先秦时期，孔子（公元前551—公元前479）。见"周礼"已"礼崩乐坏"，便用"仁"重新解释"礼"，在孔子看来，以氏族血缘关系为基础的亲子之爱，是他的"仁"的根本。孔子认为，只要唤取了人们的这种亲子之爱，并使之成为人们的自觉行动，社会即可和谐发展，

"礼"就将得以恢复。到了汉代，作为"群儒首"的董仲舒（公元前179—公元前104）更把儒家"仁"学加以神化。董仲舒说天产生了人，天是人的"曾祖父"，人"得天地之美"，生命才能得以健康发展。他认为"仁之美在于天"，这个"天"就是董仲舒理想中的实行儒家仁政的君主的神化了的形象。前面讲了"坛"用来祭天地，用来祭先祖与天神的"庙"，也成为礼制性建筑的必然存在物了。《礼祀·王制》记载："天子七庙、三昭三穆，与太祖之庙而七。诸侯五庙，二昭二穆，与太祖之庙而五。大夫三庙，一昭一穆，与太祖之庙而三。士一庙。庶人祭于寝。"宗庙制度规定了封建等级制中，建宗庙的数量，位次及排列顺序。如天子可建七座宗庙，始祖辈分最高，居中；二、四、六世居左，叫昭；三、五、七世居右，叫穆。诸侯、大夫、士依次在数量上递减。庶民不能建庙，祭祖在家中进行。

图2.1.3　明十三陵——裕陵

在东汉（25—220年）明帝刘庄（58—76年）时，天子七庙改为"同堂异室"之制，即把历代先王集中一庙，以太祖居中，按左昭右穆分室祭享。这种帝王宗庙称为"太庙"。现故宫前部左边的劳动人民文化宫、历史上即为皇帝祭祀祖宗的太庙。北京太庙前殿为11开间的重檐庑殿顶大殿，其形制与故宫太和殿相当。

（2）陵墓

中国古代社会，历代皇帝为了提倡"厚葬以明孝"，维护其世袭皇位以至子孙万代，陵墓建筑成为封建时代大规模的建筑活动。汉、唐之后，宋、明、清等朝代为皇家设置了专门的陵区。在"事死如事生，事亡如事存"的礼的要求下，陵墓建筑布局与设计一般反映了皇家建筑的所谓"风水"观，让亡灵舒适和显赫。集中布置的陵区成为宏大的建筑组群，其肃穆、神圣，要让人崇仰和敬畏，感受到皇权的永恒和威严。

图2.1.4　明十三陵神道

在北京东北面天寿山麓，从公元15世纪初到17世纪中叶，在这里建造了明朝从成祖至思宗十三代皇帝的陵墓，被人们称为明十三陵。明朝迁都北京后第一代皇帝成祖朱棣的陵墓长陵是陵墓群的主体，其余十二个陵分布于它的东南、西北和西南等处。相传朱棣选择陵地时，风水先生告诉他，天寿山这块地方环山抱水，各种神灵、龙虎龟蛇、日月星辰都来此会聚，明成祖决心选择了这块宝地（图2.1.3）。

十三陵分为前后两部分，前部是一条很长的"神道"。

"神道"的最前山口外是陵区的入口，耸立着明嘉庆年间建造的石牌坊，石牌坊中线正对着11公里外的天寿山主峰。石牌坊为六柱五开间，晶莹的汉白玉做成精细的柱梁，蓝色琉璃瓦装饰着檐口。厚实的柱梁，错落有致的檐口，使牌坊显得高大、挺拔，显出皇陵的尊贵身份与隆重气氛。北行1 300米是陵区敦厚、壮实的红墙黄瓦和四座华表。过了碑亭北至龙凤亭，在长约1 200米的神道两旁，排列着十对巨石雕像，其中有文臣、武将、狮子、獬豸、骆驼、象、麒麟、马等，庄重严肃，姿态各异。"神道"的尽头是龙凤门，前行5公里到达长陵的陵门。在"神道"中前行你似乎已感觉到"先帝"的神威（图2.1.4）。

长陵是十三陵中最大的一座，建于明永乐二十二年（公元1424年），它是明成祖朱棣的陵墓。长陵四周是围墙，由棱恩门，棱恩殿，方城明楼与宝城（坟丘）组成。建筑与坟丘都建在一条南北纵轴线上。棱恩殿作为祭殿，是一座与紫金城内太和殿相类似的大殿。面阔9间，屋顶为重檐庑殿式，下面与三层白石台基承托。棱恩殿长66.75米，进深为29.31米，殿内使用32根整根楠木柱，其中最大的4根柱高达14.3米，直径达1.17米，是中国现存最大木构殿宇之一。

定陵建于万历十二年（公元1584年），它是十三陵中另一座规模宏大的陵墓，是明神宗朱翊钧墓。定陵由5个殿组成，即前殿、中殿、左配殿、右配殿和正殿。正殿是陵室主体，长30.1米，宽9.1米，高9.5米。5个殿均由

图2.1.5　故宫

石头砌筑。1956—1958年，考古工作者对定陵进行了开掘，基室平面以一个主室与两个配室为主，全部用石头砌筑。

空中俯瞰十三陵，十三座陵墓错落有致，天寿山苍松翠柏环绕着40平方公里的小盆地，红柱黄瓦建筑巧妙地分布在绿色丛林中，整个布局表现了陵墓建筑群在规划上的杰出艺术构思。

（3）宫殿

宫殿，宫是房屋的通称。《易·系辞》曰："上古穴居而野处，后世圣人易之以宫室"。古时不论贵贱，住房都可称宫。秦汉以后，宫专指帝王所居的房屋，也有称宗庙、佛寺、道观为宫的。殿，古时称高大的房屋为殿。《汉书·黄霸传》颜师古注："古者屋之高严，通呼为殿……。"后特指帝王所居及朝会之所或供神佛之处为殿。

图2.1.6　故宫角楼

中国古代社会历代皇宫总是以规模宏大富丽堂皇的建筑形体，来加强和象征帝王权利。它的总体规划和建筑形式体现了礼制性建筑的要求，表现了帝王权威的精神感染作用。宫殿的壮丽风格起于秦而成于汉，据资料记载，秦阿房宫规模之巨大，以致"项羽入关，烧宫阙，三月火不灭"。

中国古代宫殿建筑组群很早就形成了"前朝后寝"的格局。"朝"是帝王进行政务活动和礼仪庆典的行政区。"寝"是帝王生活区。朝的布局在周代有所谓"三朝五门"制度。三朝指外朝——主要用于行大典和公布法命；治朝——主要用于日常朝会，理政；燕朝——接见群臣，议事，燕饮和举行册命。"五门之制，外曰皋门；二曰雉门；三曰库门；四曰应门；五曰路门，又云毕门"。

明故宫的主要建筑也基本附会了"三朝五门"的礼制来布置。紫禁城的太和、中和、保和附会三朝，紫禁城中轴线上的一系列纵深排列用以划分系列空间的门则附会"五门"制（图 2.1.5，6，7）。

门楼在古代宫殿建筑群中，能有效地强调空间层次，对主体建筑起到重要的铺垫和烘托作用。门楼开设的门洞也体现了礼的规范，被称为紫禁城正门的午门共有5个门洞，清朝规定：正中是皇帝出入的门，皇后在成婚入宫时经过一次，殿试的时候，宣布中了状元、榜眼、探花的3个人出来时候走一次。平时文武百官只能走东偏门，宗室王公走西偏门。午门在东西拐角处有左右两个掖门，平时不开，只有在大朝的日子，文东武西，分别由掖门出入，殿试时贡士们按会试考中的名次,单数走左掖门,双数走右掖门。一切都保持了应有的等级与位次。

"前朝后寝"也是古代宫殿的布局的基本方法。北京紫禁城也以外朝和内廷的总体布局体现了前朝后寝的布局模式。外朝以太和、中和、保和三殿为主,前三殿占据了紫禁城主要空间。太和门,明初称奉天门,后称皇极门,清称太和门,全高23.8米。现存的太和门是光绪年间重建。太和门内,用汉白玉雕砌的"干"字形三重台基上,即为外朝三大殿。

太和殿,俗称金銮殿,明初称奉天殿,后称皇极殿,清称太和殿,是明清王朝中地位最高的一间建筑物,是明清皇帝举行典礼的地方。为展示皇权的至高无上,所以规模最高。明清两朝在这里举行盛大典礼,主要包括皇帝即位,皇帝大婚,册立皇后,命将出征,以及每年元旦、冬至、万寿(皇帝生日)三大节受文武百官朝贺,赐宴等,平时是不使用的。

中和殿,明初称华盖殿,后称中极殿,清称中和殿。明朝大典时,它是为奉天殿的正式活动作准备,清朝时也是如此。

图2.1.7　故宫午门

保和殿,明初称谨身殿,后称建极殿,清称保和殿。明朝册立皇后,册立皇太子,皇帝在此更衣后上金銮殿升座。清朝常在保和殿举行宴会。清朝中,后期还在保和殿举行科举制度的最高一级考试,即所谓殿试。

保和殿后,是一个狭长的广场,也称横街,它是外朝与内廷的分界地,是"前朝后寝"的"寝",是皇帝及其家族的居住地。乾清门是内廷的正门,乾清门左右构成了

图2.1.8　故宫三大殿

八字琉璃影壁,这是封建时代居住性建筑的豪宅大院的门面,也套用了这种处理手法。清朝康熙皇帝常在这里御门听政。

乾清门内,是乾清宫、交泰殿、坤宁宫,称后三宫,是皇后居住的地方。后三宫布局与前三殿类似,但尺度大为缩小。二宫一殿也建在一工字形台基上。沿中轴线对称纵向排列。在乾清宫、坤宁宫的东西两侧都各设一小院,在空间上形成大院套小院子的格局。《易·序卦》如此描述:"乾,天也,故称呼父;坤,地也,故称呼母"。皇帝乃天子,自然要"仰法天象"。乾清、坤宁寓意天安、地宁,表达了历代皇帝的美好愿望。从明初到清末,从14世纪到20世纪,从南京到北京,这两个宫的名称都没有变更。

乾清宫,明朝皇帝的寝宫,皇帝、皇后在此居住。清朝入关以后,把乾清宫加以重修,还是作皇帝的寝宫。但在使用上有些改变。顺治、康熙年间,皇帝临轩听政,召对臣工,引见庶僚,内廷典礼,接见外交使臣以及读书学习,披阅奏章,都在这里。雍正皇帝将寝宫移往养心殿后,这里主要成为内廷典礼活动,召见官员,接见外国使臣的地方。乾清宫,还是皇帝死后停灵的地方。不论皇帝死在何处都要先运到乾清宫。如清顺治皇帝1661年病死在养心殿,康熙皇帝1722年病死在畅春园,雍正皇帝1735年病死在圆明园,都是在乾清宫停灵,在此祭奠之后,再停到景山的寿皇殿或观德殿,最后选定时间出殡,下葬皇陵。

交泰殿,位于乾清宫、坤宁宫中间,工字形台基一竖上。《易·泰·象辞》有:"泰,小往大来吉亨,则是天地交而万物通也,上下交而其志同也"。中殿取名交泰,寓意着天地交,帝后睦。交泰殿,始建于明朝。清朝是皇后在元旦、千秋(皇后生日)等节日里受朝贺的地方。朝贺时,皇贵妃、贵妃、妃、嫔、公主、福晋(亲王、郡王、世子、贝勒之妻)、命妇(有封诰的大臣之妻)等都要在此行六肃三跪三叩礼,然后再由皇子行礼。乾隆皇帝及以后,这里是存放皇帝25颗宝玺的地方。其中有清朝入关前用过的"大清受命之宝"、"皇帝奉天之宝"、"大清嗣皇帝之宝"、满文的"皇帝之宝"4颗。其他宝玺根据不同用途有:指示臣僚的"制诰之宝"、发布政令的"敕命之宝"、颁发赏赐的"皇帝行宝"等等。这些宝玺由内阁掌握,由宫殿监的监正管理,用时经皇帝许可,方能使用。

坤宁宫,在明朝是皇后居住的正宫。按清朝规定,此处也是皇后居住的正宫,但皇后实际并不在此居住。清朝在此每天有朝祭,夕祭,有专人祭祀。皇帝、皇后只在大祭时参加。皇帝大婚时,只把东暖阁作为洞房,在此住几天后,便移居他宫。

后三宫向北开有坤宁门,出坤宁门就是御花园。后三宫东西两侧对称地布置了东六宫、西六宫作为嫔妃住所。东西六宫的后部,对称地布置了东五所和西五所十组三进院,原作皇子居所。这里的每一座宫,都自成一个单元,有前后殿和配殿。东六宫前方建奉先殿、斋宫、毓庆宫。西六宫前方建养心殿。清朝雍正即位后,不愿再住进其父亲康熙住了60多年的乾清宫去,决定搬到养心殿为康熙守孝,守孝期满后,就再没有搬动。养心殿成为皇帝的住寝和理政的地方,以后清朝的各代皇帝一直沿用,有3个皇帝死在这里。

明、清故宫包容了传统文化中的伦理纲常、阴阳五行的寓意象征。整个总体布局、功能分区、建筑规格形制仅仅依靠了体型比较简单,几种可数的屋顶形式,不多的构件种类,灵活地应用了体量的差别,依靠丰富的、节奏鲜明的空间组合,给人以强烈的艺术感染力,对整个故宫建筑群的统一面貌的,大面积相同色彩的应用,也是一个极为重要的因素。重复使用的几种屋顶形式,统一的黄色琉璃瓦,加深了人们对建筑轮廓线的印象,巨大的台基层层收进叠起,汉白玉石材洁如白玉地庄重、稳定,在建筑艺术表现中起了重要作用。舒展的、体积庞大的台基避免了大屋顶带来的头重脚轻的不平衡,在台基与大屋顶之间红墙、红柱、彩画等色彩强烈。在广场与蓝天的衬托下,纯净的汉白玉阶基,强烈色彩的红屋身与皇家专用的黄瓦交相辉映,获得了丰富而统一的艺术效果。明、清故宫成为世界上最优秀的建筑群之一。

2.1.2　中国传统建筑艺术特征

在中国古代建筑艺术创造中,整体的环境系列水平,居于相对领先地位,成为中国古代建筑艺术最为辉煌的一章。建筑美学专家王世仁先生这样说"中国古代建筑之美,不在于单体的造型比例,而在于群体的系列组合,不在于局部的雕琢趣味,而在于整体的神韵气度,不在于突兀惊异,而在于节奏明晰,不在于可看,而在于可游。"王先生如此精辟的见解,自然是得益于王先生20世纪60年

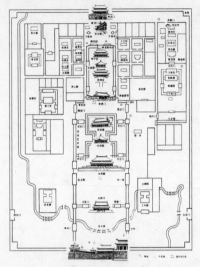

图2.1.9　故宫平面

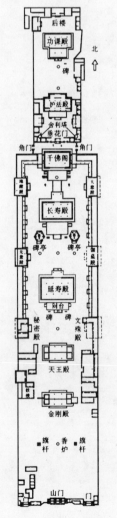

图2.1.10　北京护国寺平面

代作为梁思成、刘敦桢教授主持编写中国建筑史的助手之一的经历，以及几十年执著的思考。我们讲继承传统，传统的精华是什么？我们要继承的不是传统建筑中某一个独立的符号，不是在满身洋装的国际式建筑上戴顶瓜皮帽。只有去掉浮躁，去掉急功近利，认认真真地读历史，学点古代哲学，孜孜不倦地在建筑美学中探索的人，才能找到属于我们民族的传统的建筑语言。

（1）传统建筑中无形的特征之一——中轴线

在建筑形式美中，对称是常用构图手法，对称给人感觉是有秩序、庄严肃穆，呈现一种安静平和的美，这在古代木构架建筑中得到了最广泛的应用。它构图中的轴线对称的形体，让我们随时感受到它的庄严美感。在古代建筑组群的总体构成中，水平方向的对称——中轴线的形成，更是成为一种典型的布局形态，被长期继承和延续。

官式建筑中的坛庙、陵基、宫殿，佛教的寺观，民居中的四合院及各地民居平面等都采用轴线串连单体的规划布局。在中国古代，人们形成了以"中"为贵的观念。《吕氏春秋》有"择天下之中而立国，择国之中而立宫"。在对"天圆地方"的原始认识形成观念的时代，最尊者择中而居，"中央"成为最尊贵、最显赫的方位。古代的"天子中而处"成了"礼"的重要规范。

故宫是一个完全对称的方形平面，置身于其中，你随时离不开一条无形的中轴线的引导，每当稍有疏忽，流连于某一偏殿后，也会回到极为壮观的中轴线上。在这72万平方米的完全对称的方形结构中，共有宫殿9 000多间，这些宫殿沿着中轴线排列，并左右展开，南北取直。主轴线上"五门三朝"。"前朝后寝"庄严宏大，"左祖右社"、"文左武右"也都在强调着"王者居中"的模式。中轴线上层层推进的门、朝、寝、室，形制规格之高，仿佛在向朝拜的臣民显示"皇权"和"神权"的威严。

中轴线的强调成为取得有序的简便而有效的方式。宫中的尊卑、家中的长幼，在中轴线的"择中"定位后礼制秩序井然。平面是对称的，立面是对称的，围合要素也是对称的。对称满足了木结构的单体建筑简单的功能要求，技术上符合力的均衡传递。对称符合人们对于形式美的审美喜好（图2.1.9　故宫平面）（图2.1.10　北京护国寺平面）（图2.1.11　承德避暑山庄平面）（图2.1.12　曲阜孔子庙平面）（图2.1.13　北京四合院平面）。

（2）传统建筑中无形特征之二——空间的系列

现代文明的进步可以让我们在空中观看故宫、北京的四合院，苏州的园林……。我们可以俯瞰它们的全景，不过这只是一种瞬间感受，对其空间的丰富性，很难得到深刻的体会。中国传统建筑艺术在组织空间系列方面的成就，远远超过了对单体建筑造型的推敲。它不同于西方古典建筑中，准备了一系列强有力的可见的元素，组成有规则的韵律来形成高潮。

中国古代木构架建筑，因为结构技术比较低，内部空间受到限制，内院成为空间序列的重要组成和补充。中国古代建筑群体组合中的内院式空间，有别于西方建筑的宏大内部空间的空间序列感受。中国古代建筑群的空间美其构成是"无形"的，它是在一进一进的封闭与开放不断变化中被你感知。它在于用平缓的韵律向突兀的高潮直接过渡，让你出其不意。中国传统建筑中空间序列的组织，这一无形的传统特征，可以说是中国传统建筑艺术最重要的成就。

庭院式布局把单体建筑根据其本身的使用功能联为一院，有如现代建筑中的"广厅"连接空间的组合形式，而古代的"广厅"就是院落。在现代建筑中，大型的公共建筑可以有主要的一个和几个次要的广厅来满足人流的集散。中国古代庭院式组群也将庭院串联、并联或串、并联结合，形成多种组群基本方式。其中沿中轴线串联组群最为典型，它在我国传统文化及宗法礼制的影响下，得到大量的应用。

在技术相对落后的古代，院落作为"广厅"，还有效地解决了自然与人的关系。庭院闭合而露天，调节了采光、日照，庭院因其露天，在风压及热压作用下，可获得较好的通风。庭院中栽植的花草林木，改变了室内外的小气候。庭院还成为雨水排泄的集散地。围合庭院阻隔了寒风和风沙的侵袭。在重视人居环境质量，以人为本的现代社会，庭院的功能愈加受到人们的喜爱。

在中国古代木构架建筑中，屋面屋檐、门窗槅扇，在安全防盗上，坚固性极差，易受侵害。在庭院布局中，单体建筑被置于院墙之内，小型的则将防护能力薄弱的木构体面向院内，与院外相邻的墙则由砖、土砌筑，周边围合，形成一道牢固的防线。这种构筑方式，无论在南方、北方，都能看到这种四周封闭的院落布局。这种封闭布局也使组群之间的防火隔离更为有利。庭院式布局是在中国木构架建筑体系的基础上由居住建筑功能需要逐渐发育成形。为

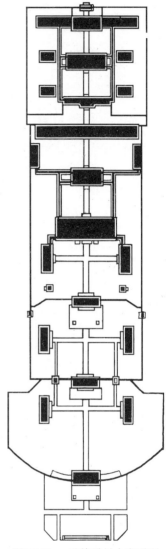

图2.1.11　承德避暑山庄平面

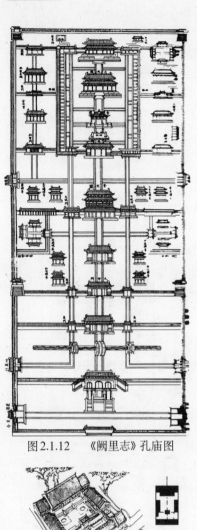

图2.1.12 《阙里志》孔庙图

①二进院串联

②三进院串联

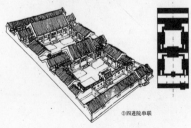

③四进院串联

图2.1.13 北京四合院平面

抵御战乱、盗匪，必先牢固围合。家族古制忠孝为先，兄弟间长幼有序，宅门里男女有别，妻妾中也有尊卑等等，为满足如此大家庭的秩序，院落布局成为最好的选择。

宫殿型庭院是传统庭院布局中等级最高、规模最大的类型。宫殿型庭院有着巨大的空间尺度，它除了要满足大型的礼仪活动的实际功能所需的尺寸，还有着营造庄严、宏伟、威慑的气氛效果。在大型庭院中，由于主体建筑本身巨大的体量，在视觉感受上也需有足够的距离，让人们明显地感受到个人与建筑之间强烈的大与小的对比。

以故宫为例，从正阳门到太和门，一条长达1 700米的中轴线上布置了6个庭院，它们的形式不同，纵横交替，层层推进；有前序，有主体，有横向，有纵向；在交错使用中收放空间，高潮被不断提升，来到3万多平方米的太和殿庭院，壮丽的太和殿，让你感受到"天子"的威严。故宫中轴线从正阳门到景山段共有14个主要庭院，太和殿处于序列的正中。在这样的空间序列中引进，人的感受随庭院的收放而逐步加深。

中国传统住宅形式多以院落布局，四合院成为最理想的布局形式。北京的四合院又是四合院住宅中最具代表性的一种。在封建宗法礼教的支配下，四合院俨然是一个"家天下"，住宅的布局以南北纵轴对称布置房屋和院落。"先天八卦"北为坤卦，坤为地，南为乾卦，乾为天。南北朝向乃"天地定位"，顺应天道，自然会大吉大利。住宅大门多为平面之东南角，门内迎面建影壁，外人看不到宅内的活动。向西转入才看到真正的庭院。这种结合功能创造的空间系列，国外的很多建筑师曾经为此津津乐道。前院东西方向狭长，因为它无须考虑对北向的日照间距。前院的倒座通常也只供作客房、书塾、杂用间或男仆的住所。自前院经纵轴线的二门进入面积较大、南北纵向拉得较开的后院。北京四合院与南方四合院在院子大小上有所区别，愈是纬度高，愈是寒冷的地方，院子相对愈大，这符合现代规划原理中北方气候寒冷，冬季时间长需要更多的阳光，因此院子尺度大，南方气候热，夏天日照厉害，所以院子小，以保持阴凉环境。后院北面正房在中国伦理观念中被视为最尊贵最显赫的方位。所谓"王者必居天下之中，礼也"。从住宅的使用环境质量来说，北房也是日照、通风质量最佳的"起居室"及"主卧室"。东西厢房是晚辈的住所，周围用走廊联系。后院是住宅的核心部分。

四合院中房屋的位置决定使用对象的等级。除北房面南的正房为"家天下"的长辈居住外，东屋的地位犹如皇室的"东宫"，是皇帝的接班人"太子"的房间。中国传统中对主人的尊称有："东家"，"房东""东道主"等。故国粹中自古以来就有尊左的习惯。

太庙——帝王祭祖的家庙，就定在皇宫的左面。在崇尚儒家文化的封建社会 就有"文左武右"的对称体量。在"唯小人与女子难养也"的尊卑面前"男左女右"就不足为怪了。也就因为很多这样那样的理论。才维系了封建帝王的传统，使封建社会秩序得以维系。生活在四合院的古代人也要在这一秩序中和睦相处，尽其"忠孝"。

居住建筑形态的选择与定型往往是自然环境与人文环境共同作用的结果。人文环境所包含的历朝历代的政治制度、经济制度、意识形态、社会文明心理等，在中国几千年的儒家学说的影响下，改变甚微，所以居住建筑的形态也没有太大的变迁，被稳定地"继承"着。

院落在满足采光通风的同时，在日常生活中也兼顾了多功能的需要，接客待友，敬供烧钱，休息聊天，每日起居等在院中进行。院落是内与外的中介空间，它不像院外空间那般，让人感到它的空旷和无"领域感"，也不像室内有限空间那般完全封闭，压抑沉闷，它既封闭又开敞，给人强烈的"领域感"，它与天地相接。它的四周围合，保持着应有的秩序，体现了家长的凝聚力和约束力。

四合院中的宅门与影壁相对，增加了空间意味和视觉层次，有如在现代住宅装修中多有在不大的厅中置一"玄关"一般。宅门与影壁这一空间是院外与院内的过渡空间，街道与小巷其空间的收聚，使四合院的小院与院落外对比不是那么强烈。内与外在这"玄关"中渗透和连贯。

（3）中国古代木构建筑的结构美建筑艺术起源于实用

人类的进化为人们摆脱"巢居"、"穴居"准备了必要的技术条件，木构架体系建筑适应了中国古代小农经济为主体的社会经济结构应运而生，远古时代我国大部分地区有丰富的木材资源，就地取材，给"自给自足"的农民提供了大量的建筑材料。木构架组合方便，榫卯穿斗，使整个屋架较为方便地结为一体，不同的地形，地段均能并合运用。木构架体系承重结构与围护结构分离，有如现代"框架填充墙"部分，可根据气候条件不同，建筑材料的取材难易不同，有片石、毛石、竹篾、板筑、土坯、楠扇等围蔽。可建于石砌台基上，夯土台基上或"高跷"似地

图2.1.14　黎平侗寨

图2.1.15　悬空寺

立木推开阁楼不倒

图2.1.16　出翘和起翘

图2.1.17　金代壁画中屋顶形象

撑在山崖石壁上。建筑艺术的真实性得以充分显现。中国传统的木构建筑的形式紧紧依托在其结构上。中国古代的两部"建筑规范"，宋代的《管造法式》和清代的《工部工程做法则例》，主要讲结构，基本不讲"造型"，把建筑的形式美融合在结构之中（图2.1.14，15）。

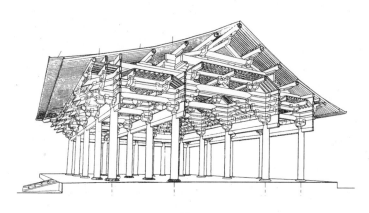

图2.1.18　佛光寺斗拱

传统建筑的屋顶形式在木构架体系结构条件下，其创作精神把实用功能，技术做法和审美形象和谐地统一起来。

在屋顶构造做法上，我们赞美深远的出檐，柔和的卷曲，翘起的翼角。事实上的形成手段是由结构造成的。要挑起挑出的屋角须有一根斜出的梁，这根梁比正面及侧面的椽子要高出许多，而架在这根梁上的屋面又要与正、侧面的平或凹的屋面保持平缓的连续，这就得把靠近梁侧的椽子逐个抬高，屋角被柔和地卷起。"如鸟斯革，如翚斯飞"的生动形象被结构的需要造就了（图2.1.16，17）。

在檐下用以联结柱、梁、桁、枋的托架——斗拱，它的由简到繁的演变过程都在为结构构件的节点处力的传递发挥着特有的功能。从孤立节点的承托、悬挑扩展到缩小净跨度，以至可联结为整体的水平框架。到了明清时代，部分斗拱趋向于装饰化，才成为结构机能与审美功能的统一体（图2.1.18）。

中国古代建筑中无论是官式建筑还是民间建筑，屋顶是最具有艺术表现力部分，在建筑造形中起了重要的作用。木构架体系对防雨防渗漏要求甚严，尤其是在南方多雨水地区更有了深深的出檐，有了前文所述的檐角起翘，悬挑的斗拱。在那些简洁的或繁复的屋顶形式中，面与面交接处接缝的屋脊，脊端结点，吻兽脊饰也都因构造功能的需要，构造技术的完善而加以自然的装饰，没有牵强附会，矫揉造作之嫌。

中国古代建筑屋顶的厚重的正脊、垂脊使建筑的天际线更为明确。屋顶在天光山色的映衬下更显现其轮廓的优美。而这巍然高崇的屋顶曲线轮廓是原本贯穿屋脊处的加固屋脊的大铁链。正脊的端头的鸱尾是固定铁链的铁钉套。正脊、垂脊在此交汇，在理性创作手法中又注入了情理相依的浪漫色彩。垂脊上的铁钉处被生动地塑造了天马、天凤、仙人、力士等等。正脊两端防止铁链生锈的套子——鸱尾，最终演变为龙吻，成了降雨消灾、吉祥崇高的象征。

在房屋的骨架——结构构件之外的建筑构配件，其形式色彩也被理性地加以区别。围护部分均不承重，墙垣在梁枋下收梢，门窗采用精心雕刻的格子组合为轻盈剔透的槅扇，使其轻盈的身段与厚重的梁、柱、屋顶条理分明，有如壮士披上的纱衣。

在被精心强调的结构美中色彩的表现被应用到极致。木构架色彩深重，红色的柱，蓝色、绿色的梁枋、斗拱，交待了力的有效传递，与灰色、白色的围护墙对比强烈。色彩没有乱，那结构也当是牢固的（图2.1.19）。

（4）中国古代园林独特的艺术风格

在中国建筑史中，皇家园林及私家园林的营造，体现了中国人特有的园林审美文化，给后人留下了许多生动的范例。园林是人化的自然，它给人与自然亲近的一个空间。园林又是一个诗化的自然，中国人把诗情画意入园林，使之韵味无穷。园林可居、可行、可游、可赏，其空间意识随着时间的进程而逐次展现。亭台楼阁等建筑形式，常随地势之高低，景观之需要，因地制宜地加以布置。在总体规划上，突出地显示了中国传统建筑布局中"因势利导"的匠心独运。在以廊、桥、路、门、窗、墙的连与分，隔与透中，形成了相映成趣的园中园、院中院、景中景、湖中湖的景观体系。

中国园林艺术源远流长，秦汉时皇家宫苑以空间规模巨大，配合众多宫殿台阁建筑，尽量显示气派宏大与豪华，没有诗情画意，没有含蓄与悬想，"壮丽"是当时皇家宫苑重要的美学属性。秦始皇建阿房宫："覆压三百余里"，"二川溶溶，流入宫墙"；汉武帝时上林苑："周袤三百里，离宫七十所"；西郊苑："周垣四百余里，离宫别馆三百余所"；甘泉苑："周回五百四十里，苑中起宫殿台阁百余所"。可以看到，早期苑囿还来不及细致的营造，只是满足了皇帝拥有天下的欲望。

到了魏晋南北朝，政治束缚较少，在战乱面前，人们被迫寻找自然空灵的世界，隐世遁名，寄情山林，崇尚老庄哲学的人们力求得到精神解脱，流露出逃避现实，追求与现实生活有所距离的物质和精神世界。田园诗人陶渊明（公元365—427年）所著《桃花源记》，即反映了对"世外桃源"的追求。自然美作为一个广阔奇妙的审美客体被

图2.1.19　古建筑色彩

开掘出来。一些诗文记录了当时人们的古典园林美学思想，反映了人们对自然美的探索。当时的园林已把山水树石与楼阁桥廊有机地结合起来，已为中国古典园林的美学思想和艺术实践打下了基础，走上了寄情于山水创造环境美的园林艺术创造之路。

隋朝在中国历史上是一个短命的王朝，但在其短暂的时间中，在中国建筑史留下了许多杰作。河北赵县的安济桥，纵贯南北的大运河，敦煌、龙门、天龙山的石窟至今仍是中华民族的骄傲。隋炀帝大业元年（公元 605 年）修建的洛阳西苑"周二百里，内造十六院"，再现了秦汉宫苑的豪华壮丽风格。

入唐以后，园林虽建不少，由于已不具备魏晋六朝时产生崇尚自然美的政治文化条件，对于自然环境美的开拓精神已不具备，时代的审美标准跃入了另一个境界。园林成为追求功名利禄、奢靡放纵后的休息场所，成为形式自由的宫殿、府邸。

中国园林从唐末五代到宋朝，又有了进一步的发展。到了北宋徽宗时，皇家园林在"壮丽"风格中又产生了"精巧"这一美学风格。"移于书法图画"的风俗，把园林艺术推进到追求形式美的新风格中。

宋徽宗政和 7 年至宣和四年（1117—1122 年），在汴京（今河南开封）宫城外东北部平地修建了御园艮岳。该园由宋徽宗赵佶（1082—1135 年）亲自设计，宦官梁师成主持修建。赵佶身为皇帝，又是一个书画家，他的书法称"瘦金书"，笔法遒劲。在绘画上，山水、花鸟、人物画，留下许多传世之作。宋徽宗时绘画讲究的精工细刻的画风，形成了精巧雅致的美学风格。在艮岳设计建造中，这种风格得到突出表现。

艮岳是宋代集前人众多的造园手法并鲜明体现当时审美情趣的代表作。张淏在《艮岳记》中描述说："累土积石，设洞庭、湖口、丝溪、仇池之深渊，与泗滨、林虑、灵壁、芙蓉之诸山，取瑰奇特异瑶琨之石。即故苏、武林、明越之壤，荆楚、江湘、南粤之野，移枇杷、橙、柚、橘、柑、椰、栝、荔枝之木，金蛾、玉羞、虎耳、凤尾、素馨、渠那、茉莉、含笑之草。……穿石出罅，冈连阜属，东西相望，前后相属，左山而右水，沿溪而傍陇，连绵而弥满，吞山怀谷"。

艮岳是以人造大假山为主体的园林，在不太大的面积中，再现了天下四方的山水草木之风貌。集中了所有构

图2.1.20　苏堤春晓

图2.1.21　三潭映月

成的园林景物形成景点。园中计有各类建筑46处，使城乡诸景荟聚一园。这些人工再现自然的手法体现了精巧细致之美。

靖康二年（1127年），在金人的铁蹄下，百姓入民岳拆宫室榭木料，御寒举炊，一代名园毁于战乱，风流尔雅的艺术大师宋徽宗也不免被掳荒漠。金人的入侵，使中原大批文人雅士集于南宋。南宋半壁江山的相对平静，又有了歌舞升平。人们怀念过去的美好生活，文化很快繁荣，艺术创作再现了昔日的光彩。这时江南园林中有不少文人画家参与了园林的设计，园林与文学，山水画的结合更加密切，形成了中国园林发展史上的一个重要阶段。此时的市郊风景区成为人们"游山玩水"的好去处。市郊风景区的奇山秀水，名花古树、亭台楼阁、仙祠古刹的美的价值被人们普遍认识，规划经营这些美的环境，成为一种新的审美要求。

杭州西湖"淡妆浓抹总相宜"。其山水景物自身的形式美，有如美人西施，美得恰到好处。丰富多彩的风景画面，阴晴雨雪，各有千秋，四时可供人游览。南宋时就形成了"西湖十景"：苏堤春晓（图2.1.20）、曲院荷风、平湖秋月、断桥残雪、柳浪闻莺、花港观鱼、雷峰夕照、两峰插云、南屏晓钟、三潭映月（图2.1.21）。西湖美景得到朝廷官府的重视，每年二月均要修葺妆点"以便都人游玩"。经过人力的不断完善，西湖的自然美演进为典型、完美的环境美。宋人吴自牧《梦梁录》中记有："春则花柳争艳，夏则荷榴竞放，秋则桂子飘香，冬则梅花破玉，瑞雪飞瑶。四时之景不同，而赏心乐事者亦与之无穷矣"。

元朝的社会经济虽取得一些成就，明大都（今北京）规划建造了当时世界上最完备的市政下水道设施。规划中尽管也注意到规则的宫殿与不规则的苑囿的有机结合，然而并没有把山水风光的自然环境作为美的高级精神追求和享受。明朝初年，明太祖朱元璋大力提倡和推行礼法统治，压制一切礼制异端，窒息了艺术创作。洪武二十六年（1393年）曾颁令规定："不许于宅前后左右多占地，构亭馆，开池塘，以资远眺"，从制度上限制了园林创作的可能性。明中叶以后，中国封建社会开始产生了资本主义的萌芽，独立的手工业者及自由商人的力量得到壮大，文艺思想上的浪漫主义思潮终于冲破了礼法的桎梏，中国的园林突然呈现出一派繁荣景象。

在江南富庶地区，私家园林如雨后春笋突然兴起。从

图2.1.22　《南巡盛典》寄畅园

图2.1.23　《南巡盛典》惠山、锡山形势图

明中叶至清初，文人画对造园创作的影响较大，园林审美倾向于清新高雅的格调，极富明人山水画风味。

无锡的寄畅园建于明正德年间，明末清初，园曾分裂，后于康熙初年，合并改建，进行了全面整治。寄畅园先后经秦金、秦耀、秦德藻几代人的3次大规模经营，日趋完美。寄畅园早期的布局，清《南巡盛典》（1771年）可见其大体风貌（图2.1.22，23）。清康熙、雍正、乾隆、嘉庆几代皇帝南巡，曾多次来过寄畅园。康熙玄烨题有："山色溪光"，"松风水月"，"明月松间照，清泉石上流"等匾联。乾隆弘历每次"下江南"都到寄畅园，留下了很多赞美寄畅园的诗联、题句。赞美它："清泉白石自仙境，玉竹冰梅总化工"，"雨馀山滴翠，春暮卉争芳，搴薜盘云径，披松渡石梁"。弘历还命随行画师把园中景物临摹成彩色画册，带到北京于万寿山东麓建惠山园（后改名为谐趣园）。弘历题惠山园诗有"烟雨锡山景，悠然寄雅怀"。足见乾隆对寄畅园的情有独钟。

图2.1.24　龙光塔借景

无锡地处长江下游经济富庶的水网地带。南临太湖，京杭大运河就在城郊经过。西郊的惠山："山有九陇，蜿蜒如龙，故亦名九龙山，有泉出石间，陆羽品为第二"。（《南巡盛典》）。故有"天下第二泉"之称。"惠山之周约四十里，高百余丈，登山以望太湖，烟波近在咫尺，而洞庭、虎丘、虞山诸峰亦历历如在目前"（《锡金乡土历史地理》）。在惠山东面的锡山不高，山顶有龙光塔。寄畅园巧借惠锡二山和龙光塔（图2.1.24），惠山名泉顺着山势流入园内。园以水面为中心，西、北假山接惠山，山势延续而造。惠山泉水在假山的山涧中宛转跌落，称"八音涧"。东为亭榭曲廊，园中林木幽深，锡山龙光塔隔墙借入园中，使园景大为开阔。清咸丰十年（1860年）园林曾毁于兵火，园内建筑为后来重建，但大体仍为旧时风貌。

在江南众多的名园中，私家园林的建造一直是造园活动的主流，在古城扬州、苏州、南京等地，明、清时的造园艺术得到较大发展。私家园林的艺术成就成为皇家苑囿的参照和借鉴，到了清代康乾盛世，中国的园林艺术出现了创作的高潮，成为园林艺术硕果累累的黄金时代。

古城扬州历史悠久，早在公元前486年吴王夫差在扬州筑邗江城，并开凿运河，这是扬州建城的开始。扬州由于地处江淮要冲，东汉以后便成为东南重镇。隋炀帝时开凿的运河在扬州与长江交汇，到了唐代扬州已成为全国最大的3个商业城市之一。长江下游各地商旅在此云集，长

江中游的商品在此转口，海外商船货物也在此转运。扬州
还是江淮盐的集散地，经济甚为繁荣。扬州私家园林的兴
建，可追溯到南北朝时期。宋人徐湛之在平山堂下建有风
亭、月观、吹台、琴室等。唐朝贞观年间，裴谌的樱桃园，
已具有"楼台重复，花木鲜秀"的园景。宋时有郡圃、丽
芳园、壶春园等。金军南下时，扬州受到较大的破坏，加
上运河阻塞，漕运受到影响，故元代仅有平野轩、崔伯亭
等二三处园林。明初，作为当时国内最主要的交通干线的
大运河经过修整，扬州又再次成为大运河沿线最繁荣的商
业城市。

　　经济的繁荣，交通的便利，为园林的兴建提供了有利
的发展条件。明万历年间太守吴秀筑梅花岭，叠石为山，
周以亭台。明末郑氏兄弟4人分别筑有：影园、休园、嘉
树园、五亩之园。其中以著名造园家计成为郑元勋所造影
园最为著名。影园于崇祯七年（1634年）建成，郑元勋
作《影园日记》详细记述了建园的经过和园中的景致。影
园园址，为城南废圃，园址内无山，"但前后夹水，隔水
'蜀冈'蜿蜒起伏，尽作山势，环四面柳万屯，荷千余顷，
崔苇生之，水清而多鱼，渔棹往来不绝。春夏之交，听鹂
者往焉。以衔隋堤之尾，取道少纤，游人不恒过，得无哗。
升高处望之，'迷楼'、'平山'皆在项臂，江南诸山，历
历青来，地盖在柳影、水影、山影之间"。影园借此得名。
影园之选址，已借得扬州城名胜。园中建筑也以借景为
胜，如玉勾草堂，"堂宏敞而疏"，且"背堂池，池外堤，
堤高柳，柳外长河，河对岸，亦高柳，阎氏园，冯氏园、
员氏园，皆在目"。园中有"高二丈，广十围"的蜀府海
棠一株，另有众多花木竹石。堂前置石，窗外对景，皆具
画理。"一花、一竹、一石，皆适其宜"，园虽不过数亩，
然"自然曲折，不见人工"。影园建成后，到影园游宴的

图2.1.25　　扬州瘦西湖

图2.1.26，27　扬州瘦西湖

图2.1.28　扬州寄啸山庄湖心亭

文人墨客写了不少诗文,后辑成《影园瑶华集》。

扬州繁荣的经济聚集了大批富商、退休官僚、知识分子。在乾隆十六年(1751年),乾隆皇帝第一次"南巡"后,扬州很好的造园自然条件,使附有私家园林的大型庭院式住宅大量出现,其中有被称为八大名园的王洗马园、卞园、员园、贺园、冶春园、南园、郑御史园、篠园等。瘦西湖至平山堂一带,更是"两堤花柳全依水,一路楼台直到山"(图2.1.25,26,27,28)。清人李斗在《扬州画舫录》记录了乾隆时代的扬州24景。书中写道:"乾隆乙酉,扬州北郊建拳石洞天,西园曲水,虹桥揽胜,冶春紧诗社,长堤春柳,荷浦熏风,碧玉交流,四桥烟雨,春台明月,白塔晴云,三过留踪,蜀冈晚照,万松叠翠,花屿双泉,双峰云栈,山亭野眺,临水红霞,绿稻香来,竹楼小市,平冈艳雪等20景。乙酉后,湖上复增绿杨城郭,香海慈云,梅岭春深,水云胜概四景。"其中也多是私家园林。此时扬州成了私家园林总汇,"家家住青翠城闉","处处是烟波楼阁"(《扬州画舫录》)。

扬州园林艺术手法,以叠石、水池、花木为其造园手段,又因扬州地处南北要道,故在园林艺术中也融合了北雄南秀的风格。李斗在《扬州画舫录》中写道:"扬州以名园胜,名园以叠石胜"。一些造园家纷纷在扬州大展才华。计成叠影园山;石涛叠万石园、片石山房;张涟叠白沙翠竹与江村石壁;仇好石叠怡性堂宣石山;董道士叠九狮山;戈裕良叠秦氏小盘谷;余继之叠萃园、怡庐、匏庐、蔚圃等。扬州个园的"四季假山",成为扬州园林叠石特色的一景。"四季假山":春季为石笋与竹子;夏季为太湖石,配松树;秋季为黄石假山,配柏树;冬季的雪石山不用植物,以象征冬季的严寒。四组象征四季的假山互相之间虽有区别,但又有联系。从冬山透过墙垣的园孔可以看到春山之景,暗喻四季的周而复始。其构思取自于画家笔下的:"春山淡冶而如笑,夏山苍翠而如滴,秋山明净而如妆,冬山惨淡而如睡"(郭熙《林泉高致》),以及"春山宜游,夏山宜看,秋山宜登,冬山宜居"(戴熙《习苦斋题画》）的画理。

　　苏州是一座古城，春秋时吴之梧桐园，晋之顾辟疆园，已开苏州园林先声，此后园林兴建一直没有间断。宋时建的沧浪亭，元时的狮子林，都成为传世名作。明时据《苏州府志》记载，有大小园林270余处。苏州现存大小园林50多处，其中以拙政园、留园、狮子林、网师园最为有名。

　　拙政园始建于明正德年间（1506—1521年），为御史王献臣弃官还乡后所建。它的布局以空旷的池山与曲折的建筑互相映托。拙政园中部池塘山为土木相间的假山，坡度不高，以土为主，形成了自然隆起的山丘，其土石相间的坡陇，配以宽阔的池面，茂盛的林木，轻盈的亭、桥、廊显示了江南水乡清新高雅的秀美风貌。土山上摹仿自然山形点置的石块，增添了山的稳定感和真实感。

　　明代著名书画家文征明应园主之邀为拙政园作记，绘《拙政园图》三十一景（图2.1.29）。王献臣经营拙政园三十年，此后几易其主，历经兴衰，但园中部山水格局仍因袭明代，未有大的变动，直至道光年间戴熙绘制的拙政园图，仍反映出明人山水画"独抒性灵，不拘俗套"的文人画审美倾向。文征明曾赞美拙政园："蝉噪林愈静，鸟鸣山更幽"的自然情趣。初建时的拙政园以沧浪池为主，池畔形成若壁堂、梦隐楼、倚玉轩、小飞虹、志清处、玉兰堂、待霜亭等景点。"凡诸槛亭台榭，皆因水面而势"，"夹岸皆佳木"，创造了大自然"山花野鸟之间"的清新，质朴的意境。全园共占地40 000平方米，是苏州规模最大的园林，成为江南园林的代表作。

　　留园在苏州阊门外始建于嘉靖年间（1522—1556年），初为太仆徐泰时的私家花园——东园。清嘉庆时（1796—1819年）布政史刘蓉峰修葺改建，改称寒碧山庄，俗称刘园。因园内多植白皮松、梧竹，"竹光清寒，波光澄碧"。光绪二年（1876年），官吏盛康据此园扩建了西、北、东三区，成为现有规模。因太平天国战后，阊门外惟留此园，遂谐"刘园"之音更名"留园"。留园占地20 000平方米。园景分中、东、西、北四区。其中经中、东两部分景观最为著名。中部为明代寒碧山庄的基础，古木高大、繁茂，园中水池清彻明净，曲桥上紫藤花棚繁花累累，园中建筑掩映在古木奇石之间。池周假山石峰耸立，花墙楼、亭倒映池中，虚实相映，意境深幽。"其泉石之胜，华木之美，亭榭之幽深，诚足为吴中各园之冠"

图2.1.29　苏州《拙政园图》

图2.1.30　苏州留园五峰仙馆前院对景

（俞樾《留园记》）。

中部的五峰仙馆是留园的主要大厅，也是旧园主主要活动场所。在其前后设有景物丰富的庭院，前院主景为湖石假山，上掇五峰，由五峰馆南望，假山林木似一幅绝妙的展开的长卷画（图2.1.30）。

留园东部的冠云峰庭院建于清光绪年间，院中主体建筑林泉耆硕之馆，北面正对冠云峰，峰后建楼，成为冠云峰背景，衬托出石峰空透的轮廓。峰前小池植睡莲，以水衬石也是中国园林传统的造园手法。

图2.1.31　苏州狮子林真趣亭

狮子林，创于元末至正年间（1341—1367年），原为寺院，法号为天如禅师的高僧为纪念其师中峰禅师而建。因中峰和尚原住天目山狮子岩，故称狮林寺。建园用地原为宋代废园，多竹林、林下怪石状如狮子，故又名狮子林。由当时名画家倪瓒及数名著名造园师设计、建造。后为豪势所占，成为私园，民国初年为豪商贝氏所得，经修葺而成现状。清代康熙、乾隆曾多次来游。园中真趣亭（图2.1.31），其匾额为乾隆御笔。园景还被临摹到北京畅春园和承德避暑山庄内仿造。园内湖石假山众多，体态俯仰多变，石块用铁件勾挂，反映了当时造园艺术的叠石风尚（图2.1.32）。

网师园在苏州园林中以小巧精致著称。原为宋代退隐侍郎史正志"万卷堂"故址的一部分，名渔隐，其后久已荒废。清乾隆元年，光禄寺少卿宋宗元购其地，重新规划建造园林，取名网师，既借原"渔隐"的原意，又巧用园在王思巷的地名谐音而得名。网师园占地八亩，建筑物密度较大，但布局紧凑，空间虽小，层次较多，使园景变化丰富。园中部沿池建亭、廊、阁，池中倒影与实物对称，虚实呼应。（图2.1.33）如诗如画，引人入胜。

图2.1.32　苏州狮子林叠石

明代著名园艺家计成（1582—? ）著有《园冶》一书，总结了我国园林艺术的经验。明代以前，中国园林的创作理论，多引用宋代的画论。追求诗画意境在山水画中摹仿形式美的法则，欣赏吟唱的诗文较多，很少有系统的造园技艺及规划设计的专论。明崇祯四年（1631年），吴江人计成所著《园冶》一书，成为有关造园的重要著作。

图2.1.33　苏州网师园

计成早年曾在镇江、扬州、常州、仪征等地为官僚文人造园，名播大江南北。极富造园实践经验的他，晚年写成《园冶》，全面地总结了中国古典园林造园艺术手法，书中细致的分析，具体的作法，丰富了中国园林艺术特有的美学内容。全书共分三卷。书中把园林审美的基本手法概括为"巧于因借，精在体宜"。所谓"因借"。计成写到："'因'者：随基势之高下，体型之端正，碍木删桠，泉流石注，互相借资；宜亭斯亭，宜榭斯榭，不妨偏径，顿置婉转，斯谓'精而合宜'者也。'借'者：园虽别内外，得景则无拘远近，晴峦耸秀，绀宇凌空，极目所至，俗则屏之，嘉则收之，不分町疃，尽为烟景，斯所谓'巧而得体'者也。"对于"体宜"，他说："故凡造作，必先相地立基，然后定其间进，量其广狭，随曲合方，是在主者，能妙于得体合宜，未可拘率。"计成对相地立基的不拘定式，不套定法，"随曲合方"作了具体分析，他在《园冶》各卷中都贯穿了这个思想。他认为"景到随机"；"得景随形"；"高阜可培，低方宜挖"；"高方欲就亭台，低凹可开池沼"。对于楼阁基，他主张："何不立半山半水之间，有二层三层之说：下望上是楼，山半拟为平屋，更上一层，可穷千里目也"。对于门楼基，他说："依厅堂方向，合家则立"。对于各式廊基，他认为："蹑山腰，落水面，任高低曲折，自然断续蜿蜒"。"因借体宜"为历代造园者所采用，而由计成归纳总结为造园的首要技法。这种顺乎自然，追求天然情趣的手法，使园林艺术创造符合《园冶》高度概括的一句话，也是计成追求的造园境界："虽由人作，宛自天开"。

建筑是园林中不可缺少的构成要素。建筑作为人工美，它不仅具有实用功能，而且被赋予了人的精神寓意。

图2.1.34　远香堂

自然景色的优美除其本身的形式美内容，其更深刻的美学意义因有情而显，情则来自于人。在中国园林中，园林建筑大体有厅堂、楼、阁、台、榭、亭、廊等。

厅堂，计成在《园冶·屋宇》中说："堂者，当也。谓当正向阳之屋，以取堂堂高显之义。"厅堂是园林建筑的主体。《园冶》说："凡园圃立基，定厅堂为主，先乎取景妙在朝南。"建筑史学家刘敦桢教授（1897—1968年）在《苏州园林》一书中说："以厅堂作为全园的活动中心，面对厅堂设置山池，花木等对景，厅堂周围和山池之间缀以亭榭楼阁，或环以庭院和其他小景区，并用蹊径和回廊联系起来，组成一个可居、可观、可游的整体。"可见，厅堂作为园林建筑主体建筑的重要性。在建园施工程序上，厅堂也是首先动工的，而取景，朝南为立基时首要考虑的因素。在皇家园林中，堂专供皇帝寝居，如颐和园昆明湖畔的玉澜堂和乐寿堂。在私家园林中，厅堂是园主家人团聚，宴请宾客，处理事务的场所（图2.1.34）。江

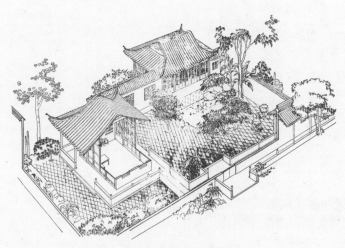

图2.1.35　拙政园听雨轩

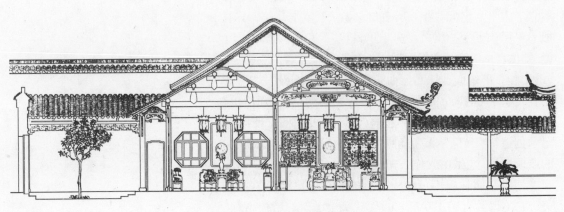

图2.1.36　留园林泉耆硕之馆

南园林中厅堂的形式主要有：荷花厅、鸳鸯厅、四面厅 3 种。荷花厅是一种较为简单的厅堂，一般面阔三间，隔水与山相望，水中常植荷花，故造园工匠俗称为荷花厅。鸳鸯厅面阔三间或五间，采用硬山或歇山屋顶，内部用草架处理成两个以上的顶盖形式，室内用隔扇、花罩或屏风分隔为前后两个空间。故称鸳鸯厅。如苏州留园冠云峰庭院主体建筑林泉耆硕之馆即为一座典型的鸳鸯厅（图2.1.36）。四面厅为四面开放的厅堂，上覆歇山顶，厅之四面用槅扇，用外廊环绕。如苏州拙政园的听雨轩（图2.1.35）。在园林建筑中，一些以轩、馆、房、室、庐、舍、斋等命名的体量较小的厅堂，常称为"花厅"。楼、阁，在园林建筑中为着借景需要而建的一种建筑形式。居高临下所见景物称为俯借，如颐和园西堤南段的景明楼，两层楼阁两面临湖，取李白"两水夹明镜"的诗意而得名。登楼极目远眺，湖光山色尽收眼底，这座楼阁摹拟岳阳楼，乾隆有诗曰："比拟岳阳应不让，范家记语最厝吾"。可惜该楼现仅存遗址。又如颐和园前山佛香阁，耸立在 20 米的方台上，自身高达 41 米，造型敦厚稳重，整个体形与前山，前湖的壮阔场面十分相称。（图2.1.37）乾隆有诗曰："面视昆明万景收"。佛香阁也成为园林观赏对象的主体。园林中楼阁以高耸华美成为美的对象，又以登高眺望美的对象为目的。台、榭，园林中的台"或掇石而高上平者；或楼阁前出一步而敞者"。（《园冶·屋宇》）台周边常设栏杆，起维护和装饰作用。台空间开敞，视野宽阔，可供眺望、休息、纳凉、赏月等。台上起屋为榭，榭多临水设置。《释名》云："榭者，藉也。藉景而成者。或水边，或花畔，制也随态"。如苏州拙政园的芙蓉榭（2.1.38），颐和园的藕香榭等。

图2.1.37　颐和园佛香阁

图2.1.38　拙政园芙蓉榭

图2.1.39　天坛双环万寿亭

亭，是园林中常见的建筑。《释名·释宫》云："亭者，人所停集也，传转也。人所止息而去，后人复来，转转相传，无常主也"。其平面也较为活泼，有三角形、四方形、多边形、扇面、圆形；有半亭、单亭、双亭、组亭等多种形式（图2.1.39，40，41）。亭多建于山间、水畔、路边、或于井泉、石碑之处建亭，所以有山亭、水亭、路亭、井亭、碑亭之称。"亭"还被用来作园林之名。

廊，计成在《园冶·屋宇》说："廊者，庑无一步也，宜曲宜长则胜。古之曲廊，俱曲尺曲，今予所构曲廊，之字曲也，随形而弯，依势而曲。或蟠山腰，或穷水际，通花渡壑，蜿蜒无尽"。在古代园林中，廊的应用极为普遍。

图2.1.40　南京瞻园半亭

图2.1.41　颐和园廊如亭

图2.1.42　苏州留园廊

图2.1.43　苏州拙政园波形水廊

图2.1.44　苏州拙政园小飞虹廊桥

清人李斗在《扬州画舫录》中归纳为：板上甓砖谓之响廊，随势曲折谓之游廊，愈折愈曲谓之曲廊，不曲者修廊，相向者对廊，通往来者走廊，容徘徊者步廊，入竹为竹廊、近水为水廊。廊布置灵活，造型丰富，既丰富了园林景致，又组织了园林空间。既可避风雨、供人歇息，又兼导向功能（图2.1.42，43，44）。颐和园中著名的长廊已是闻名于世。它位于万寿山山脚下，只有几十米宽的狭长地带，728米长廊把这狭长地带分为3个部分：廊北、廊中、廊南。廊北可以观赏万寿山苍茫古朴的山景。廊南可以饱览浩渺湖光、湖中长堤、湖对岸的龙王庙岛和玉泉远山的景色。廊中则可欣赏长廊顶上精致的彩画。长廊东起乐寿堂，西起石丈亭，中间汇结于大报恩延寿寺之山门，共273开间，东西廊间各建一亭。廊中有彩画2万多幅，没有重复的景致内容。相传乾隆下江南时被江南山水景色所吸引，要求工匠们在长廊上记下了江南山清水秀，亭台楼阁的景致。这些彩画中有360多幅是人物故事画，每一幅均有典故，令人久看不厌。虽然这些画几经沧桑，五易其稿，但仍可想见当年华美动人的面貌。

2.2　西方古典建筑美学思想

　　西方古典建筑活动因奴隶制的建立，财力人力的集中使用，得到了很大的发展，取得了巨大的进步。一批出生于工匠的建筑师在农业和手工业之间的大规模分工中逐渐脱颖而出。这些最早的专业建筑师凭借自身从事过体力劳动的直接经验，使建筑理论及建筑设计水平产生了极大的飞跃。

　　在西方古代建筑史中，欧洲的建筑遗产极为丰富，建筑艺术超越了建筑功能、建筑技术的发展变化速度，建筑艺术在西方文化繁荣中起了重要作用。古代希腊、罗马文化在欧洲被称为古典文化，古希腊建筑、古罗马建筑被称为古典建筑。

2.2.1 "美在物体的形式"——发源于希腊的古典主义美学思想

古希腊人一般把美局限在造型艺术上，希腊人在艺术上最高成就主要在雕刻，雕刻一般很少表现动态。古希腊人认为美只在造型上，主要靠线条的比例和形体轮廓的安排，认为美就是和谐与完整，美在物体的形式。发源于希腊的形式美的看法及理论，形成了当时的建筑的审美要素，造就了很多古典主义的建筑作品，很多建筑成就一直为后人所景仰。美本来具有的形式这一方面的因素，最易为人们所直接感受，形式美的相对独立性，成为一种好像与内容无关的独立审美对象。

古希腊是欧洲文化的摇篮，古希腊建筑同样也是西欧建筑的开拓者。爱琴海畔的古希腊发达的古代文化培育了伟大的诗人荷马，哲学家苏格拉底、柏拉图、亚里士多德，数学家欧几里得。古希腊神话中有很多美丽的神和动人的故事。

公元前六世纪末，在希腊由毕达哥拉斯（Pythagoras，公元前 580—500 年）及其信徒组成的毕达哥拉斯学派，其成员多为数学家、天文学家和物理学家。他们认为宇宙万物最基本的元素是"数"，"数为万物的本质"。数的原则统治着宇宙的一切，从这个观点出发，他们认为美是和谐与比例。毕达哥拉斯学派应用这个原则来研究建筑与雕塑等艺术，想借此找到物体的最美形式。

哲学家亚里士多德（Aristole，公元前 384—322 年）说："一个有生命的东西或是任何由各部分组成的整体，如果要显得美，就不仅要在各部分的安排上见出秩序，而且还要有一定的体积大小，因为美就在于体积大小和秩序。"

形式美影响着古希腊建筑创作的美学观念。一个单体建筑就是一尊雕塑作品，希腊每个石头柱子也成为一个独立的艺术品。

古希腊人推崇"数"的原则，他们认为精确"比例"比感官可靠得多，不会透视变形而被扭曲。这种美学思想导致了在高、宽、厚的关系中寻找建筑美。在对角线与边长中获取建筑美的奥秘。

2.2.2 "人体的美"与"柱式"

古希腊的哲学家认为，在万物中唯有人体具有最匀

米洛的维纳斯［古希腊］大理石雕刻

美第奇的维纳斯［罗马］大理石复制品

称、最和谐、最庄重和最优美的特色。在人类的文明史上，裸体美术有其历史渊源，由于母系社会对女性的崇拜，女性裸体美术作品出现在2—4万年以前，而后男性裸体美术作品出现在新石器时期和奴隶制社会的早期。

公元前五世纪的希腊，由于歌颂人体的健美成为社会风尚，所以裸体美术得到空前的发展。从此裸体美术在西方美术领域中占有牢固的地位。到了中世纪，由于教会的反科学和强行封建愚昧主义，使得裸体美术遭到浩劫。

在15世纪文艺复兴时期，由于人文主义者的努力，古希腊和罗马的裸体雕塑才从废墟中得以拯救。艺术大师们冲破教会的经院哲学和禁欲主义思想的桎梏，继希腊之后把裸体美术的发展推向又一个高潮（图2.1.1，2，3，4）。

对于人体美的欣赏，希腊民族有它悠久的历史传统。据艺术史记载，公元前8世纪，希腊斯巴达城邦为了防范敌人的进攻，他们实施了一种特殊的军事化教育，实行了严格的训练。青年人大半时间在练身场上角斗、拳击、赛跑、掷铁饼，拳打脚踢使他们成为能吃苦耐劳，体魄矫健的勇敢斗士。希腊人这种特有的风气产生了特殊的审美观念，在他们的心目中，最美最理想的人物是身手矫健，比例匀称，擅长各种运动的裸体。虽然邻近的异族以裸体为羞耻，而希腊人却毫无介意的裸体参加角斗和竞技，斯巴达的青年女人在角斗时也不例外。全民族的盛典以至奥林匹克运动会等都成为展览和炫耀裸体的场所。正是在这种民族心理和民族感情的支配下，裸体雕塑艺术得到了很大的发展。雕塑家们所注目和公认为最美的造型就是表现人体力量，健美敏捷和灵巧的形体和姿态。三四百年之间，他们正是根据人体的理想模型来不断地修正和改善对于人体美的观念。这种特殊的审美观念使雕塑成为希腊艺术的中心。古希腊人把最完整、最崇高的"人体美"赋予古希腊建筑艺术。

在西方古典建筑宝库中，古希腊雅典卫城上的帕提农神庙成为希腊建筑的最高典范，其璀璨无比的艺术形象，古往今来历经2500年，仍然被世人所赞颂，成为建筑史上最耀眼的明珠。

雅典卫城建筑的总负责人雕刻家费地（Phidias）说："再没有比人类形体更完善的了，因此我们把人的形体赋予我们的神灵。"在古希腊最重要的纪念性建筑是神庙，古希腊人自然把人体的美赋予了神庙的柱子（图2.2.5，6，7，8，9）。

拉奥孔 [古希腊]雕刻(大理石) 阿格山德洛斯 阿塔诺德洛斯 彼留德洛斯

大卫 雕刻(大理石) 1501-1504 [意大利] 米开朗基罗
图2.2.1，2，3，4

古罗马的建筑家维特鲁威(Vitruvius, 公元前1世纪)
在他的《建筑十书》里讲述了一个希腊的传说: 爱奥里亚
地区的城市要造一所阿波罗庙, 为了要使柱子既能承受重
量, 又十分美观, 他们测量了一个男子的脚印, 把它同他
的身高作了比较, 发现他的身高是脚印长度的6倍。于是
他们把柱子的高度同底部直径之比定为6:1。这就是多立
克柱式, 它具有男子躯体的比例, 力量和健美。

后来, 为了给狄安娜造庙, 他们把柱子做得像妇女的
躯体那样苗条, 高度为8个底径。并且在下面加了一个柱
础, 作为鞋子, 在柱头两侧做了一对涡卷, 表现盘在鬓边
的发辫, 前面还有一搭刘海儿。柱身上刻着的垂直的凹槽
则是妇女长袍的褶子。这种秀丽而多装饰的柱子概括着妇
女的柔美, 叫做爱奥尼柱式。第3种柱式更加纤细一些,
是摹仿少女轻盈的体态, 叫做科林斯柱式。

科林斯柱式它的柱头与忍冬草的叶片组成, 宛如一
个花篮。有关花篮的传说《建筑十书》中也记述了一段动
人的故事: 相传在古希腊的科林斯市, 住着一位妙龄女
郎。有一天, 她突然因病死去, 其乳母把她生前喜爱的什
物装入篮子, 用石板压住, 把它放在女孩坟头墓碑上。冬
去春来, 大地复苏, 一种叫忍冬草的植物攀入了花篮, 又
从顶板下伸攀出, 涡卷状的忍冬草叶片构成了柔曲美丽的
图饰。这一美丽的图案启发了一位路过的石匠, 这位心灵
手巧的石匠精雕细刻, 终于造出了带有忍冬草叶饰, 形似
花篮的"科林斯柱头"。这些入情入理的传说故事, 让冰
冷的石头有了生命。古希腊的柱式成为古典建筑构图中一
个不可缺少的基本因素。

公元前五世纪古希腊雅典时期修建的帕提农神庙是
一座世界上惟一被奉为至高无上的没有争议的古建筑。神
庙总面积约为 2 100 平方米。全部用大理石砌成, 铜门
镀金, 山墙尖上饰有金箔, 檐部雕刻涂以红、蓝、金等浓
厚鲜明色彩。再加上无可比拟的柱列和完美立面比例, 既
精致, 又壮观, 成为最辉煌的杰作。

帕提农原意为"处女宫", 始建于公元前 477—438
年完工。神庙建在一个三级台阶上, 成为卫城建筑群的中
心, 它是卫城上惟一围廊式庙宇, 是卫城上最华丽的建筑
物, 无论从哪一个角度, 都表现了其肃穆与欢乐, 给人以
生机勃勃的精神感召力。这座希腊本土最大的多立克柱式
建筑, 代表了古希腊多立克柱式的最高成就。46 根柱高
10.43m, 底径 1.903m 的大理石圆柱比例匀称, 刚劲雄伟

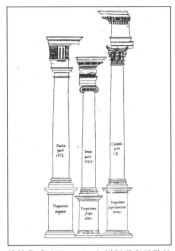

维特鲁威 (Vitruvius) 详细观察无数的
神庙后, 归纳出不同的神庙因崇拜神性
的不同, 而有三种不同的"柱式"。

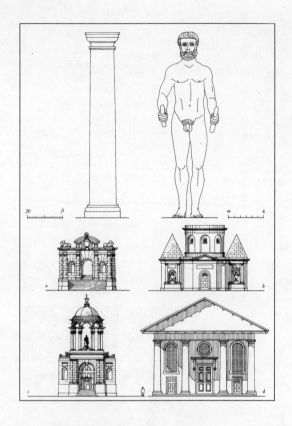

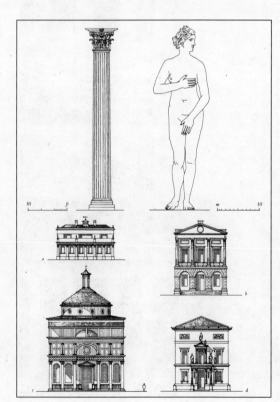

图 2.2.5，6，7，8，9

形成四面回廊，回廊里是帕提农神庙的两个主殿。

　　四面回廊壮丽的柱列对视觉效果进行了精心的处理。在人们视线中，两端的角柱，在浅蓝色天空的映衬下会显得较深，而中间的柱子在深色墙面的背景中却格外醒目。为了在不同背景下的明暗对比使柱子产生粗细的错觉，角柱被适当加粗（底径 1.944 米）。角部开间也适当缩小。为避免观望中的透视变形，各立面中的柱子向各立面中央倾斜，依次由中央到两侧各柱均有不同的倾斜角度。回廊四周的柱子的延长线约在两英里的上空汇交。立面中的水平线部分：额枋和台基是呈中央隆起，而山花下面檐部两端微微向上拱起。这些极其精湛的技艺，连视觉误差也获得有效的调整，这在当时科学技术条件下是非常杰出的（图 2.2.10，11，12）。

　　古希腊 3 种柱式，"多立克"的男性刚劲美，"爱奥尼"的女性的柔美及"科林斯"的纤丽美，现在还在被人们玩味，欣赏和使用。它源自于神庙，后来被欧洲各国的宫殿、官邸、银行、大学、行政大楼等广泛使用。

上海作家赵鑫珊教授说："欧洲各大城市不能没有古希腊柱式。拿掉这3种柱式，欧洲城市顿时会减少1/5的魅力。"古希腊柱式严谨的理性精神也体现在其条理井然的构件的均衡与完整上面。柱式的受力系统在外形上层次清晰，柱头与柱基的线脚组合，方与圆，垂直构件与水平构件之间的过渡，满足着力的合理传递，其疏密繁简的变化没有枯燥僵硬而有如肌体一样生机勃勃，如肌肉般的有张有弛具有弹性。古希腊三种柱式是在崇尚人体美的理念中诞生。但它没有简单的模仿男体与女体，而是概括了男性与女性的体态和性格，模仿人体各部分的比例和度量而产生的。是古希腊精神产生了古希腊柱式。"柱式"艺术是植根于古希腊神话这片

图2.2.11　帕提农神庙

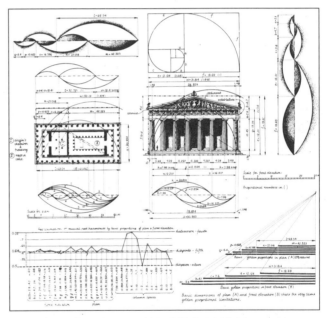

图2.2.12　帕提农神庙比例分析

图2.2.10　雅典卫城平面

图2.2.13　伊瑞克先神庙

图2.2.14　伊瑞克先神庙女像柱

肥沃的土壤中。

古希腊人对人体美的把握和崇拜，把人体艺术和建筑艺术揉和成一体，成为古希腊人伟大创造之一。

在雅典卫城帕提农神庙北面，建于公元前 421—406 年的伊瑞克先神庙用了 6 个娴雅秀美的女郎雕像作柱子，像高 2.3 米，女郎雕像轻盈的体态，宁静而端庄，把伊瑞克先神庙南面的大面石墙与西面爱奥尼柱廊作了巧妙的衔接过渡。沉闷枯燥的石墙是经过磨光的白大理石墙面，阳光反射的墙面成为舞台的天幕，更明确地衬托出少女雕像的高贵、典雅（图2.2.13，14）。女像柱在西方建筑中得到普遍的应用（图2.2.15）。在西西里岛的奥林匹亚宙斯神庙，建于公元前 468—460 年，其艺术成就与帕提农神庙一样最为后人所称颂赞叹。在宙斯神庙多立克柱列之间，有一排高 8 米的男性雕像。双臂向后弯曲，有如现代健美赛上展示肌肉的表演，头与臂支撑着厚重的檐部，展现着力与美。

2.2.3　"柱式"艺术的阶段性发展

人类文明的一切都是在进化中产生，一部人类建筑史其实就是一部人类建筑进化史。

古埃及和两河流域文明对古希腊文明有着较大影响，古埃及神庙柱式无疑给古希腊人很多启迪。在埃及新王国时期（公元前16—11世纪）神庙遍及全国，规模最大的是卡纳克阿蒙神庙。总长 366 米、宽 110 米。大殿内净宽 103 米，进深 52 米。16 列共 134 根高大的石柱，中央两面排 12 棵柱子高 21 米，直径 3.57 米，上面横放着 9.21 米的大梁，重达 65 吨，中部两侧柱子高 2.8 米，直径 2.74 米，柱间净空小于柱径。密集如林的石柱，斑驳的光影，让人感到神秘和压仰，由压仰感产生敬畏和崇拜。在古埃及时代，人类的心灵力求把它所朦胧认识到的理念表现出来，但没有找到合适的感性形象，于是形式离奇、体积庞大的东西成为民族抽象理想的象征，

图2.2.15　女像柱的应用

古埃及神庙柱子所产生的印象往往不是内容与形式谐和的美。这是柱式艺术发展初始的"象征型"阶段。希腊神庙柱式与雕刻所表现的神不像埃及、印度的神那样抽象，而是非常具体的。神总是作为人表现出来，因为人首先从他本身认识到绝对精神，而同时人体既是精神的住所，也就是精神最适合的表现形式。把人体形状用以表现神。神被赋予了个别形体，美的感性形象与理念得到统一，精神内容与物质形式达到完满的契合。古希腊柱式的高贵、典雅和优美，其基本精神是把人看成几乎是艺术的对象。从某种程度上来看，古希腊柱式源自古埃及柱式，但它没有古埃及柱式的"野性"而注入了"温情"。

公元前4世纪，以雅典卫城建筑群为代表的古希腊柱式所反映的平民世界观中的自由民主精神，在奴隶制进一步发展中逐渐消失。自由民剧烈分化，一些工匠及建筑师已沦为奴隶市场上的商品，古典艺术鼎盛时期那种向往理想的美，那种明朗和谐的建筑形象已与时代不协调。借以表现神的有限的人体形状这一美的载体已不能完满地表现心灵与欲望的无限境界。天真的至善至美的古希腊的神话渐渐被淘汰，奴隶主们把他们狂妄的心理鄙俗趣味强加到了建筑上。

公元1世纪，罗马在扩张战争中统一了地中海沿岸先进富饶的地区，多种文化的融合，促进了古罗马建筑的繁荣（图2.2.16）。罗马人发明了用火山灰、碎石、石灰构成的天然混凝土，推动了拱券结构和施工技术的发展。新材料、新技术为人类建筑宝库作出了巨大贡献。建筑活动的空前繁荣，建筑的科学理论也初步建立。流传至今的就有奥古斯都的军事工程师维特鲁威写的《建筑十书》。

图2.2.16 罗马古城

古罗马人继承了古希腊三柱式，加上原有的罗马塔司干柱式，同时又增加了由爱奥尼与科林斯混合而成的混合柱式，合称为古罗马5种柱式。古罗马帝国靠血腥武力征服了所有地中海沿岸地区，全盛之时疆土地跨欧、亚、非大陆。无数财富流入王公贵族的手中，穷奢极欲腐化享乐的社会风气，使古希腊神话中的平民的人本主义精神荡然无存。豪华浮艳的审美趣味成了贵族的追求。建筑的尺度远比古希腊时高大，传统的柱式与古罗马建筑产生了矛盾，促使柱式必须与建筑相适应的创新手段也应运而生。柱式趋向于细长的比例，复合的线脚，华丽的雕刻，柱子更多的是用作墙面的装饰，不再具备结构骨架与传递力，只在立面构图中表现着其不可替代的存在价值。古罗马人发展创新的柱式及柱式组合,丰富了立面的构图手法,古罗马柱式的规范程度非常高,柱式成为古典建筑构图中最基本的内容,成为西方古典建筑的最鲜明特征。

为了炫耀征服与掠夺战争的胜利,罗马人发明了纪念性建筑形式凯旋门。罗马皇帝用以庆贺战争中的辉煌战果。在城市最显赫的位置建造了凯旋门,皇帝率领得胜还朝的军队通过这个大门(图2.2.17)。凯旋门一般呈方形的立面,为一开间或三开间的券柱式。券与柱的结合,丰富了构图,加上券洞墙面与女儿墙面的主题性浮雕,把这些长、高20余米,进深厚10余米的大立方体变成了一个艺术精品。其雄厚、稳重中产生着雄伟壮丽的艺术感染力。

古罗马帝国的统治者为着满足作为显示征服者的心理要求,残忍也成为其嗜好。他们挑选一些身强力壮的奴隶,经过鞭打和训练成为角斗士。然后让这些角斗士手执盾牌,刀剑互相撕杀格斗,直到一方倒地身亡而止。或让角斗士们与狮、虎搏斗,在人与兽的哀嚎和吼叫中,寻求刺激和无穷的乐趣。公元72年由武士出身的维斯巴宪皇帝始建,至公元80年整整8年时间,在罗马城东南侧建立了罗马大角斗场(图2.2.18)。大角斗场是罗马帝国应用券拱与柱式构图的精彩之作。建筑技术的进步也为后人称颂和借鉴。罗马人用坚固的火山石做基础,用火山灰混凝土做出券和拱,用质地细密的灰华石做墙面混凝土骨料,轻质的浮石作拱顶混凝土骨料,纹路细密的大理石柱子形态高贵,成为墙面的装饰配件,已不起结构作用了。

图2.2.17　罗马康斯坦丁凯旋门

图2.2.18　罗马圆形角斗场

罗马角斗场呈椭圆形,长轴188米、短轴156米,场内四周看台共有60排座位,可容纳5.5万观众。看台从下至上分为5个区,最下面是皇帝、主教、官吏使用,席位比表演场地高5米,既可鸟瞰全景又绝对安全。第二、三区的席位为骑士及等级比较高的罗马公民使用。4区以上为普通民众的席位,三、四区也有6米高差。每个看台区都有各自的楼梯与过道。80个通过地面的出入口,进出十分方便,观众可在10分钟内全部疏散。

角斗场的中央表演区是一块长86米、宽54米的椭圆形平地,又称沙地,角斗士们在这块竞技场上拼死格斗,看着自己的朋友死在自己手中。

远看宏伟的角斗场,浑然一体,似乎整个角斗场就是一个笼子。大角斗场立面高48.5米,共分4层,下3层各80间券柱式,开间约6.8米,柱间净空为6个底径,券洞显得开阔、宽敞。从下往上，底层采用多立克柱式，2 层为爱奥尼柱式，3 层为科林斯柱式，4 层为科林斯壁柱。二、三层的每个券洞都有一尊白大理石雕像，160 尊栩栩如生的雕像在券洞的衬托下，轮廓生动，更增添了角斗场的生机活力。第 4 层墙面上铜制盾牌闪闪发光，阳光洒在这椭圆走向立面上，其明暗对比有序的渐变光影韵律给人以无穷的艺术享受。

大角斗场其使用功能的完善，椭圆形平面，多层看台，多出口疏散，一直被体育建筑设计所借鉴。其结构、功能和形式三者的和谐统一，显示着罗马建筑的辉煌成就。

古罗马人善于接过古希腊人的伟大，把古希腊人创造的精典三柱式在大角斗场做成了加上自己发明的券拱的叠柱式，把希腊柱式的刚、柔、美同时展示，没有牵强，没有堆砌，有的是吸收，发扬与创新。

古希腊柱式的典雅和端庄似乎已不能用来显示罗马帝国的伟大与强盛，罗马建筑的"大业主们"要追求"豪华"。塔司干与新多立克大多不单独使用，只在叠柱式中用于底层。罗马多立克与罗马爱奥尼也在柱头部分增加装饰的层次，科林斯柱式以其柔美、纤细，柱头雕刻的丰富、生动，受到罗马人重用。罗马人还将爱奥尼与科林斯混合，在科林斯柱头加上爱奥尼涡卷，形成罗马复合柱式。在高大空间内或需要贯通两层以上立面上，纤细的柱式与巨大的建筑对比强烈时，罗马人把两根柱子并起来形成双柱，柱子本身的尺度没有改变，单调柔弱的构图被更富韵律的双柱构图所替代，装饰效果更好，柱式纤细的身姿依然动人。

第3章
建筑审美观念的转折与变化

建筑就像音乐或抽象造型艺术，如何欣赏和理解它，也许只可意会不可言传。你可以体会它感受它，但常常很难用语言来表达清楚。建筑设计的过程，包含着大量的各种层次的模糊标准，建筑设计不可能套用某个设计公式，更不可能有什么设计定律。设计作品的优劣往往采用方案比较法，在比较中找到较佳或最佳方案。或把几个方案综合，产生综合方案，这种现象在国内的设计招投标中，已是屡见不鲜。这种评判结果当然是不可取的，这类结果的出现难免会把不同构思，从不同角度对建筑的理解，以及以不同的"切入点"、"着重点"产生的创新手法忽略掉，从而把设计导向平庸与"四平八稳"。

建筑的物质功能我们可在设计规范中找到其最低要求，但建筑特有的艺术质量，建筑的精神功能，我们如何寻找到一个定量值呢？美与丑是对立的，其间的界限也是模糊的，没有定量的临界值。在"仁者见仁，智者见智"，"公说公有理，婆说婆有理"的众说纷纭中，我们又回到了"美是什么"这一千古难题上。

建筑师与建筑评论家在谈到建筑之美时总是要借助于优美的建筑杰作，总是在那些脍炙人口的杰作上去找"美的规律"。建筑师对于建筑形象的美的追求，也只能在实践中不断积累创造美的经验。也只有在不断从一般欣赏者的心理需求，对于美丑的一般认可中去总结审美的心理定势，去追随或去掀起又一新的审美潮流。秩序与变化，协调与对比，简洁与繁复，精致与粗糙，丰富与繁琐等等这些对立的两面都曾经被人们感受过。当千篇一律的"简洁"被重复，很多人会为其单调与枯燥而不耐烦。他们会回忆起曾经有过的"丰富"。近年来人们对于服饰与发式的美的追求，不也给人们一种新的启示吗？从"革命性"的女性的齐耳短发，"扫帚"小辫的清一色，不知何时冒出那么多自然飘逸的披肩长发,各式各样的卷发、烫发甚或是不同色彩。从梳理得"毛光水滑",到"怒发冲冠"。有在整齐的梳理发型旁偏要留下一缕秀发从额头前自由地落下。男士不也有了"小平头"、"大披头"还有扎小辫的发式么。也许,这些正反映了"多元"的审美心理共同存在吧! 在这些形形色色的形式面前,当其"内涵"与形式统一时,我们就得到美的享受。

披着长发或梳着小辫的指挥家,当他挥舞双臂调动着音乐语言,展现人的内心世界和情感波涛时,他的手臂、头及头发随着旋律在"激动",不论你是"感情欣赏者"或是"理性欣赏者",也许都不会去探究指挥家那很怪的发式。也许那随着指挥家前倾后仰,左右晃动的长发更增添着那"乐章"的魅力。

服装与发式的审美潮流,时尚会往复循环。环境与社会的因素通过长时间持续的影响,改变着人们的审美习惯。"迪斯科"、"流行音乐"很多人也许从拒绝排斥到容纳接受,到乐此不疲。

欣赏者的心理是多样的,有保守的因循守旧者,也有不断地追赶时髦的人,更有在"新"与"旧"之间徘徊的瞻前顾后者。每个人不同的年龄、职业、受教育程度、情感经历、性格特征都影响其审美心理的变化及效果的感受。

建筑是存在于三度空间中的庞然大物,它的"使用年限"让它具备了"永久性",它的空间、色彩、形、线、质感、光影等构成了建筑形象,它不可能如时装一般每年发布春、夏、秋、冬的流行款式,也不能常年去涂抹流行色。那么,建筑物的美应当如何去创造去发现呢? 当我们去审视人类历史长河中,被世世代代赞扬和公认的美的建筑时,我们可以得到许多不同情况下都能应用的一般原则,发现一些对于建筑美来说显然起着主导作用的基本特性——建筑形式美。

3.1　和谐和多样统一的美学基本原则

审美过程是一种复杂的精神活动。人们在追求美、创造美、评价美的时候,不同的时代,不同的民族之间仍然有着很多共同的东西,孟子说:"口之于味,有同嗜焉。"共同美感的存在与审美活动的实际是相符的。

自然界的美是千姿百态的,它们各以自己奇异的姿态吸引着人们。自然美有一个十分突出的特点，就是形式美占有重要的地位。人们欣赏自然美，往往从自然现象的外观上对人的视听感官以具体的刺激和享受中获取愉悦，引起美感。

纷飞的彩蝶，其富有韵律感的斑斓双翅，和谐统一的色彩，款款轻飘的舞姿赢得了人们普遍的赞美。梁山泊祝英台化为一对双飞的彩蝶，人们千古传颂。《五朵金花》中金花在蝴蝶泉边唱起了："蝴蝶飞来采花蜜哟，阿妹梳头为那桩"。蝴蝶的美让人们联想到爱情、春天、自由。其实大多数蝴蝶的幼虫对农作物是有害的。在自然界中有些对人类有益的动物，由于其貌丑陋，形式不美，就失去了美的价值。有着一身癞皮的癞哈蟆，对农作物是极有益的，是捉害虫的能手，却总被"诬陷"为"想吃天鹅肉"。

美的形式本身具有相对独立的审美价值，因此可以称为形式美。英国画家荷迦斯在《美的分析》一书中，专门写了一章《论线条》。他认为，曲线比直线更富有装饰性，直线只是在长度上有所不同，因而最少装饰性。波状性作为一种美的线条，比曲线更吸引人，而蛇形线由于能引导眼睛去追逐无限多样的变化，成为最富魔力的线条。画家荷迦斯把组成图形的最基本的因素，也作出了美与不美的区别。

在审美实践活动中，我们大多有过这样的经验：垂直的直线给人挺拔刚强，水平线显得平和安定。各种比较抽象的形式因素的规律性组合，如比例、对称、均衡、尺度、韵律、序列、以至于多样统一等等，也都能给人一定的审美感受。

建筑艺术形式美的创作规律，也被称为构图原理。古往今来，人们经过长期的实践，反复地总结，在美的建筑中去发现它，在新的建筑中去运用它。成了大家公认的客观的美的法则。

图3.1.1　均衡

3.1.1　均衡——建筑物最重要的特性

在视觉艺术中，具有良好均衡的艺术品必须对均衡中心予以强调。静态的规则式的均衡，我们比较容易实现，对称的形式就满足了天然的均衡要求。

中外古建筑中，均衡对称的构图随处可见。中国古代建筑中宫殿、坛庙、陵墓、明堂、牌坊几乎都保持了严格的对称构图。平面以间为单元取1，3，5，7，9开间，自然有了逢中的对称中心。对称是取得秩序的最有效的方式，对称创造了庄严肃穆，端庄凝重，平和宁静。充满着井然有序的理性美。

西方古典建筑艺术中，对人体美的崇尚，也找到人体对称的美。希腊神庙，从门廊到山花，外侧柱向中倾斜，立面的水平线在中部弯曲，山花的尖角，无一不在强调着对称中心的存在。典雅和端庄也在对称构图中得以实现。

庄严隆重性质的近代公共建筑，也以严格对称的均衡构图，表达了建筑物的性格，使主从关系非常分明。

近代建筑越来越复杂的功能要求，导致了平面的不对称，对称的立面构图也与不对称的体量相去甚远，中轴线对称的规则式均衡，很多已被自由不对称的生动有韵律的不对称均衡形式所替代。

当均衡中心两侧在形式上不同时，构图中的均衡的美学意义并未消失（图3.1.1 ）。在不对称的均衡中，均衡中心不再明确，那么均衡的美学原则是否可以发现呢？人们在均衡与稳定的一致性上，发现了杠杆平衡原理（图3.1.2 ）。

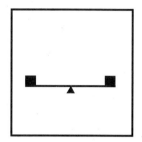

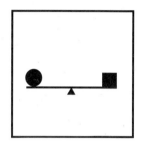

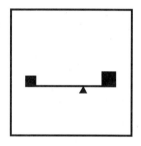

图3.1.2　平衡原理

3.1.2　比例——建筑物整体与局部，局部与局部之间比较关系

一些建筑学专家常用"比例不对"、"比例都不懂"来评价蹩脚的建筑立面构图。也许他们说的"比例不对"就是构图上不协调。"比例都不懂"大概就是"一片混乱，毫无美感"的意思了。那么怎样才能取得美的比例呢？优美的比例是如何构成的呢？从古至今，这些问题在建筑学中曾引起大规模论战。但结论仍然是众说纷纭。但这些莫衷一是的看法仍可使我们在推敲优美的比例时，得到一些启迪。

1）黄金分割，亦称黄金比。一些研究理论认为，用图解法获得的无公约数的比，对于美感的形成是行之有效的。黄金比是设计中应用较多的一种比例。美国一个叫格列普斯的人，用5个不同比例的矩形在民众中进行民意测验，其结果是，最为人们所接受的是黄金比矩形。

黄金比矩形的画法：

方法一：在正方形底边量取中点，以中点为圆心，中点至对角点，长为半径画弧交于底面延长线上，交点即为黄金比矩形长边的端点。

方法二：已知AB，过A，B分别作垂直线，作BN=1/2AB，连接AN，以N为圆心，NB为半径，作弧交于K，

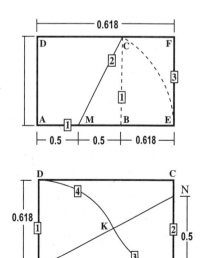

图3.1.3

故宫－太和殿

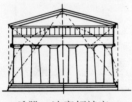

希腊·波赛顿神庙

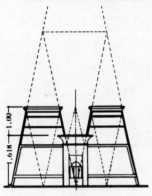

埃及·厄得夫庙

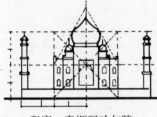

印度·泰姬玛哈尔陵

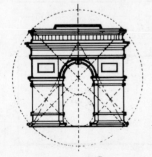

巴黎·凯旋门

图3.1.4，5，6，7，8

以A为圆心，AK为半径作弧交于D，过D作DC//AB，ABCD即为黄金比。黄金比矩形的宽与长的比是1:1.618（图3.1.3）。在黄金比矩形加上一个倒边的黄金比矩形，形成了很受欢迎的√5矩形。日常生活中黄金比矩形与√5矩形被广泛应用，我们常用的明信片、纸币、邮票，有些国家的国旗采用了这两种比例。

2）人们在长期的审美经验中，谈到艺术上的感受时总认为：最伟大的艺术是把繁杂的不同要素变成高度的统一。在三度空间的建筑上，人们认为简单的容易认识的几何形状都具有必然的统一感。同样在平面构图中，凡符合简单的平面几何图形，圆、正三角形、正方形都令人感到其完整和谐的效果。一些公认优秀的形式美构图，被人们用简单的几何图形进行分析、图解、探索其构图的比例（图3.1.4，5，6，7，8）。

3）数学定义上的比例关系。一些研究者发现，为使墙面与开洞之间具有条理性，高、宽比之间一些矩形看上去将是协调的。矩形对角线应用：矩形对角线将矩形分为两个相等的三角形。在对角线上任取一点为新矩形的角点时，新矩形的各边与原矩形对应各边比例有相同比。两矩形对角线垂直，两矩形对应边成比例。这些被认为相似即协调的比例关系，在墙面构图中得到广泛应用（图3.1.9，10）。在建筑设计中，功能及结构形式支配着大部分房间尺寸和高度，在不影响功能时，我们可以放宽、收窄、拉长和缩短平面尺寸。必须推敲不同高度的空间效果，首先抓住明显的三度空间中的比例，再细致入微的考虑立面的开洞和尺寸。物美价廉的草图纸最能帮助你找到协调的比例。

3.1.3 尺度——建筑给人感觉上的印象与真实大小之间的关系

在建筑学中和比例密切相关的特性是尺度，尺度实质上是建筑与人关系方面的一种性质，失去了尺度感的建筑，人们很难与之亲近。仔细观察一下，天安门广场前照像留影的人群，绝大多数人选择天安门、人民大会堂、纪念堂作背景，极少有人选择历史博物馆作背景留影，原因也许是它的巨大失真尺度能把人推得很远，必须有很大的距离才能领略它完整的构图。纯几何形状的整体本身并没有尺度。尼罗河畔的茫茫利比亚沙漠中的金字塔群，在没有任何人们熟悉的参照物的尺度作对比的照片上，你的印

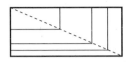   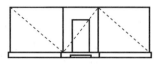

相似矩形图解
所有的矩形有一条共同的对角线，其长边和短边之间有一个相似比。
对角线常常用来确定一个窗子的横挡和竖棂

在建筑设计中，对角线平行和垂直的简单应用

图 3.1.9

象不可能深刻。而当你见到的金字塔前方数百米的驼队，在古金字塔为背景的画面上像蚁队般的蠕动前行的，你会为宏伟的金字塔为什么能体现法老的神威而叹服。如果你有机会站在尼罗河东岸眺望对岸的金字塔，古埃及自然朦胧的原始美，更会令你为之震撼。

建筑物的尺度这一特性该如何去体现呢？建筑物在外部环境中有尺度问题，其内部空间也有尺度问题。一处具体的线脚及凸凹变化的墙面，在室外看来精巧而简练，搬到室内就可能显得庞大和粗糙。一个较小房间中舒适而雅致的梯段，整体搬倒大厅中，即便它能满足交通与疏散的要求，但它显得"小气"偏促。如果再将其原封不动地搬到室外，它给人的感觉可能是一个悬挂的饰物了。一些广场上及大片草坪中的人物雕像，它的尺度问题常常成为雕塑家的难题。人们与它的接近程度不同，成为其尺度大小可变的因素。真人大小的雕塑稍远的距离看去，就成为比例不对的小孩模样。

在审美活动中，审美主体需要与审美对象保持一段心理距离，有了"距离产生美"一说。这里指的"距离要求"，既不是指时间"距离"，也不是指空间距离。这种"距离"的产生，不在于观赏者视点的移动，观赏时间的长短，而在于观赏者"心理"的变化。对建筑物尺度的评价最佳的距离，是以人能看清人体尺寸或人们活动熟知的细部尺寸对比与建筑物的整体的尺寸对比为前提的。

一般来说，尺度印象可以分为两种类型：

（1）自然亲切的尺度

功能要求确定的一些物品的尺寸，人们经常使用它，立面上的台阶、栏杆、阳台、室内的沙发、柜台，它们都具备比较确定的尺寸，设计时按照适用的原则即可获得正常的尺度感。住宅、学校、幼儿园、旅馆等建筑，多力求采用自然尺寸，有效地显示了其整体的尺度感。一些"新潮"的宾馆、写字楼被大面积的玻璃幕墙四周包裹，"简洁"到从头到脚浑然一体，找不到正常的尺度感，平庸、单调，令人疲倦。只有在夜色中，明灭点缀的各层灯光，

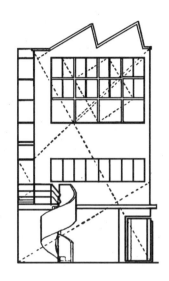

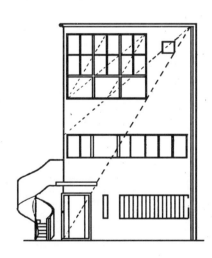

图 3.1.10　奥古芳工作室

才让你感到其自然的尺度。一些酒吧、餐馆、咖啡厅还将自然尺度有意缩小，为使用者创造亲切的尺度。

（2）超人的尺度

建筑作为空间形体"纯粹的"美，只不过是抽象的存在。它的形状、尺度却与民族的，时代的审美趣味分不开。一些纪念性建筑，它必然为时代的、宗教的、政治的观点服务。超越时代的憧憬，民族的自豪感的体现，宗教的神秘与政治的"永恒"，这些愿望都需要找到一种适当的尺寸，建立一种宏大的尺度感觉，这就是我们说的超人的尺度。

超人的尺度不是简单地将一些自然尺寸放大，而是通过整体相对于局部的尺寸精心调整，把我们能看到和认识到的细部尺寸稍加放大，对台阶、线脚、雕塑等细部处理得当，使之在与大部件的对比中，造成尺寸巨大的感觉，来建立宏大的尺度感。

天安门广场的人民英雄纪念碑是中国有史以来最高大、最宏伟的纪念性碑，碑身高达37.94米，矗立在开阔的广场上，显得格外宏伟，碑座占地3 000多平方米。两座须弥座汉白玉栏杆，尺度宜人，四周镶嵌着10块用汉白玉雕刻的浮雕，浮雕高2米，10块浮雕长度加起来40.68米，全部浮雕共雕刻有人物191个，栩栩如生，尺寸与真人一般大小。碑身下部小须弥座的四周雕刻着由牡丹、菊花、荷花组成的8个小花圈。这些细部的精心处理，尺度的自然逼真，碑身的巨大尺寸得到了有力的烘托。

3.1.4　韵律——凝固的音乐中的抑扬顿挫

韵律是借用原指诗词中的平仄格式和押韵规则的用语。平仄与押韵给诗、词带来了音调的起伏变化，犹如音乐中的节奏，高低、强弱、长短的拍节，使曲调和谐优美。

在造形艺术中，韵律是把基本形有规则反复地连续起来。使一系列大体上不相连贯的感受，获得有规则、重复和变化的发展。在这些有组织的重复及有秩序的变化中，所产生的美感会增强视觉刺激作用，从而提高人们的欣赏趣味。

（1）渐变的韵律

将重复的要素变化，从而产生渐变的韵律，渐变是多方面的，有大小的渐变，间隔的渐变，方向的渐变，形象的渐变或色彩、明暗的渐变等。在建筑构图中垂直方向的构图较多地采用了渐变韵律的特点。中国的古塔、亭、台、

图3.1.11　渐变韵律

阁的造型,现代建筑中的上海金茂大厦等都产生了优美的
垂直韵律,丰富了建筑的轮廓线（图 3.1.12 ）。

（2）连续的韵律

将一个或几个元素连续排列时,其排列方式不同也
可产生不同的韵律美。一些形状相同的重复中,我们让其
间距变化,采用不同的分组,它的韵律美依然存在。建筑
物的门窗、柱、线脚,常采用这些构图手段。当构图元素
基本形状不同时,尺寸的重复,即间距尺寸相等时,韵律
的特点仍然得以体现（图 3.1.13 ）。

形式美的各种表现形态都是对立统一的具体化,都
贯穿着"寓多样于统一"这样一个形式美的基本规律。"单
调划一"的形式不但不能表现复杂多变的事物,也无所谓
美。但是,仅仅有"多、不一样"的杂乱无章,光怪陆离,
只能使人眼花缭乱。

既有"多样"又有"统一"的法则,也表现在其他艺
术形式中。我国书法艺术中,篆书提倡"整中有乱","和
而不同",草书则以"乱中见整","违而不犯"为尚。最
自由奔放的"狂草",也讲究字体大小相随,疏密相间,肥
瘦相形,枯润相济,欹正相参,起伏相让,这大小、疏密、
肥瘦、枯润、欹正、起伏,已够"多样",而用相随、相
间、相济、相参、相形、相让,将其统一。

图 3.1.12　金茂大厦

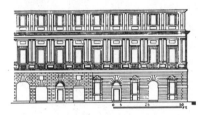

图 3.1.13

3.2　西方古代建筑风格的兴替

在西方建筑历史中,一些特殊的人物,在不同的历史
时期,在一些特定的地点,其理论及其创作实践,标志了
一种风格的诞生。成为一个个建筑发展的里程碑。

（1）光的玄学——阿伯特·苏格与哥特式教堂

12 世纪以教堂为代表的西欧"罗马风"建筑在发展
中,孕育了教堂建筑新的历史阶段,出现了12 ~ 15 世纪
以法国为中心的哥德式建筑（图 3.2.1 , 2）。

1144 年,位于巴黎北区的圣丹尼斯修道院教堂唱诗
廊遭火灾后重建,修道院院长阿伯特·苏格（Abbot
Suger,1081 —1154）,这位国王和教堂的顾问,著名的神
学家和行政官员在主持重建圣丹尼斯教堂时,把自己的想
法和重建的目的写在笔记本上。苏格的笔记对教堂的明亮
和色彩鲜丽作了宗教的解释。以罕见的描述向我们展示了
哥特式建筑的第一个作品的发源。他认为:"迟钝的头脑
要通过物质的形体才能导向真理。"他创造了把人的精神

图 3.2.1　厦尔特大教堂

图 3.2.2　兰斯大教堂

图 3.2.3　教堂玻璃窗

图 3.2.4　佛罗伦萨教堂

引向"天堂"的高耸拱门及如何用不同层次上的肋形拱引起"迟钝大脑"的注意。他把墙壁变成玻璃屏幕。这些玻璃幕壁以新约故事为内容，作为"不识字的人的圣经"教给礼拜者教义和信仰的起源。彩色玻璃的颜色有 21 种之多。阳光下泻，教堂内五彩缤纷，礼拜者被告知"这是上帝的住所和天堂的大门"。阳光照耀下的万紫千红，洋溢着暖融融的欢乐情绪（图 3.2.3）。

苏格把握住了时代的趋向，他的追随者成功地实行了苏格的幻想。哥特教堂的建造者逐渐掌握了从墙到拱券或扶壁中减去更多的东西而不损害结构功能的方法。坚固的石墙被玻璃面所代替。固定玻璃的铁质窗棂作得很纤细，使整座建筑宛若一件由宝石切割而成的精美的圣匣，闪闪发光。大教堂中，骨架券从柱头上散射出去，其向上的枝条的动感就像一束喷泉，无拘无束地向上喷向拱顶。在法国后期的哥特式教堂中，豪华的旋转式柱身变成了热带森林，柱身上缠满了鲜明的叶饰或棕榈叶，在星星状的柱头上以拱顶作结，表现了对自然的刻意模仿。

哥特建筑对世俗建筑影响很大，这种影响主要发生在 14 世纪，约比兴建大教堂晚一个世纪，无论在乡村或城镇，富人们建造了哥特风格的装饰精致的府邸。立面上布满了装饰，阳台被精雕细刻。带有小圆径的小尖塔随处可见。哥特风格的细部从宗教建筑走到了世俗居住建筑。

（2）建筑界众星灿烂——意大利文艺复兴建筑

意大利早期文艺复兴建筑的奠基人——勃鲁乃列斯基（Fillipo Brunelleschi，1379—1446 年）

15 世纪初，建筑招标和委托，雇佣建筑师的专门机构已经出现。勃鲁乃列斯基为了获得佛罗伦萨大教堂穹顶的设计建造委托，他到罗马花了几年时间潜心钻研古代拱券技术，测绘古代遗迹，在古典文化中搜求、学习和研究。回到佛罗伦萨后，又制作了穹顶模型，拟定施工方案，为了赢得工程委托做好了多种准备。

1420 年，在佛罗伦萨政府召集的有法国、英国、西班牙和日尔曼建筑师参加的会议上，勃鲁乃列斯基如愿以偿得到了这项工程的委托。他成功地完成了佛罗伦萨主教堂的穹顶，为文艺复兴建筑催发了第一个作品（图 3.2.4）。

对文艺复兴建筑最富革命性的贡献的作品，有他 1421 年设计的佛罗伦萨育婴院，它简洁、明朗、纤巧的科林斯柱子上架起圆形拱顶的典雅拱廊。二层设计了朴素的矩形小窗，墙面线脚精巧，立面构图虚实对比很强，宜人的尺度，匀称的比例，完整而协调，佛罗伦萨育婴院被称为文艺复兴的启蒙性建筑。

勃鲁乃列斯基在圣克劳斯的圣方济会修道院中为巴齐家族设计的巴齐礼拜堂。巴齐礼拜堂同环境很和谐，它在修道院中，其正面正对大门，从大门望去对称立面成为构图中心，把院子前后左右的建筑有效地建立了一种秩序，形成了和谐的统一感。巴齐礼拜堂正面 5 开间，中央一间较宽，发一个大券，在柱廊平分为两面半券洞与正中穹顶呼应，更强调了对称构图，柱廊上用壁柱与檐部线脚划分成方格，整个立面风格简洁、典雅。

图3.2.5　巴齐礼拜堂

巴齐礼拜堂成为15世纪前半叶最有代表性的建筑物，形式极为完美，成为文艺复兴建筑的习字帖（图3.2.5）。

文艺复兴时期建筑理论家——阿尔伯蒂（Leone Battista Alberti，1404—1472 年）

阿尔伯蒂是一位出色的骑手和运动员，他多才多艺，他会画画，写剧本，还兼作曲。在当时的意大利，知识分子建筑师与工匠已经成为不同的社会阶层。一些建筑师借助于1450 年出现在欧洲的活字印刷术手段，纷纷撰写建筑理论致力于研究古代的建筑遗迹和著作，对建筑学本身进行了系统的研究。建筑师不再仅仅满足于构筑建筑物的物质形式，他们还要建造建筑理论的大厦。

1845 年，阿尔伯蒂写的《论建筑》一书，成为文艺复兴建筑理论的奠基著作。该书也是用活字印刷出版的第一本建筑著作。

文艺复兴时期建筑理论都受到古罗马工程师维特鲁威的强烈影响。1415 年，罗马教皇的一位秘书在瑞士圣盖尔图书馆发现了维特鲁威手稿，手稿的翻译，传播对文艺复兴建筑理论的发展产生了巨大的作用。

图3.2.6　圣安德亚教堂

阿尔伯蒂在《论建筑》一书中，阐述了他的以数字和谐为基础的美的理论。他推崇基本几何形体——方形、圆形；基本几何体——立方体、环体的统一与完整的和谐美。他把建筑的美定义为所有部分的比例的理性结合。阿尔伯蒂把他的理论付诸实践，他设计的某些建筑成为文艺复兴的里程碑。他设计的佛罗伦萨圣马丽亚教堂、曼图亚·圣安德亚教堂（图3.2.6）、萨鲁地拉府邸（图3.2.7）等建筑，立面构图中使用了古罗马的基本建筑母题，拱券、壁柱、不同的柱式的叠柱构图，都有着精确的比例。这些母题图案后来出现在上百个文艺复兴建筑的立面上。

图3.2.7　萨鲁地拉府邸

阿尔伯蒂等一批努力要复活古代风格建筑师，把古典文化的修养作为建筑师素质的基本要求。阿尔伯蒂说："建筑无疑是一门非常高贵的科学，并不是任何人都宜于从事的。"阿尔伯蒂对于从数的和谐，优美的人体比例，古典柱式构图中相信美是客观的，可以被感知，被认识。

文艺复兴盛期的"首席"建筑师——伯拉孟特（Donato Bramante，1444—1514年）

伯拉孟特生长在乌比诺，曾是个画家，后来到了米兰结识了达芬奇。1499年在米兰被法兰西占领后，他到了罗马。伯拉孟特早期在米兰的作品受阿尔伯蒂的影响，风格平和秀丽。他的主要作品是在他生命的最后10多年创造的。小小的坦比哀多成为最能表现文艺复兴纪念性风格的建筑，成了文艺复兴盛期的第一个代表。

伯拉孟特设计的坦比哀多（图3.2.8）是座小小的神堂，位于圣皮埃罗修道院中的廊院内。建筑形式是一个由16棵高3.6米的多立克柱子环绕的鼓筒形。鼓身立于踏步台座之上，鼓形上部饰有低矮的栏杆，顶部正中冠以一个穹顶。坦比哀多既不笨重高傲，也不像宫殿那样严厉冷峻。这座直径6.10米，总高连穹顶上面的十字架在内共14.70米，形体虽小，但层次丰富，完整的构图，和谐的比例，被赞誉为增一分太多减一分则太少。这种把鼓座之上的穹顶统率整体的型制，在欧美是前所未有的创新，其极大的灵活性和适应性被奉为楷模，在世界各地繁衍。著名的罗马圣彼得大教堂的穹顶（1585—1590年），伦敦圣保罗大教堂（1696—1708年）、巴黎的万神庙（1764—1790年）、以及华盛顿的白宫（1851—1867年）都从小小的坦比哀多汲取灵感。

倾心于建筑艺术的雕刻家、画家——米开朗基罗（Michelangelo，1475—1564年）

米开朗基罗是意大利文艺复兴时期雕塑家、画家、建筑师。他以一个雕塑家对三度空间特有的眼光，把建筑当作雕塑来看待，在比例之外向人们展现了尺度与空间的新观念。佛罗伦萨的美狄厅家庙（1520—1534年），劳伦其阿纳图书馆（1523—1526年）和圣彼得大教堂穹顶是他的代表作（图3.2.9）。

劳伦齐阿纳图书馆前厅中的大理石阶梯，形体富于变化，极富装饰性。在中世纪，楼梯的装饰作用没有被认识，米开朗基罗的是较早期的赋予楼梯艺术美感的建筑师（图3.2.10）。

图3.2.8　坦比哀多神堂

图3.2.9　圣彼得大教堂穹顶

在图书馆设计中，米开朗基罗创造了一个光线充足，气氛安静的阅览环境，这种构思一直影响着图书馆阅览室建筑设计。

大约在 1425 年，佛罗伦萨的画家发现了透视学，使空间关系的审美经验得以进步，到了米开朗基罗的年代，空间关系的表现手段更趋完美。用线脚和装饰强调透视关系，使房间、庭院、街道不只是平面，立面合乎比例图解，而在透视学帮助下追求对空间的美学感受。

欧洲学院派古典主义的创始人维尼奥拉（Giacomo Barozzi da Vignola，1507—1573 年）和帕拉第奥（Andrea Palladio，1508—1580 年）。

意大利文艺复兴时代是产生多才多艺和学识渊博的巨人的时代，在阿尔伯蒂奠定的基石上，建筑理论研究没有停息。1562 年维尼奥拉的《五种柱式规范》问世，1554 年帕拉提奥出版了古建筑测绘图集。1570 年他的主要著作《建筑四书》出版。

柱式风格在经过古希腊，古罗马时期的发展、演变、充实后，又被文艺复兴的建筑师在考古的大量测绘中。进行长期深入的研究，为柱式制定了严格的比例，成为了欧洲柱式建筑的规范。阿尔伯蒂、维尼奥拉、帕拉第奥的著作成为建筑师的教科书。

意大利文艺复兴建筑的 3 个中心是佛罗伦萨、罗马、威尼斯。在威尼斯，文艺复兴的领袖人物是帕拉第奥。他的建筑学专著《建筑四书》广泛流传，其作品对欧洲也产生了巨大影响。1544 年帕拉第奥在维晋察设计的巴西利卡是他的重要作品之一。在该建筑中他所创造的所谓"帕拉第奥母题"成为欧洲柱式构图最流行的主题之一。帕拉第奥在两根大柱子的方形开间中，布置了拱券门或拱券窗、券脚落在两根独立小柱子上，小柱子架着额枋，形成平顶门和平顶窗的形式，每个开间里形成了 3 个开间，丰富了层次和变化，成对的小柱子与大柱子尺度和谐不乱，小柱子额枋之上开了一个圆洞减轻了额枋的厚重感，增加了虚实对比。大柱子及其檐部与女儿墙上的雕像，形成垂直划分，左右延续的相同构图，极富韵律感。帕拉第奥的这一大胆创新，成为大型建筑中应用最广泛并最具影响的特征之一（图 3.2.11a，b）。

帕拉第奥在维晋察附近设计的圆厅别墅（图3.2.12），平面方正，四面一式。室外大台阶直达二层，底层与二层通过室内小楼梯连系，强调了二层的构图。圆厅别墅纵横

图3.2.10 图书馆阶梯

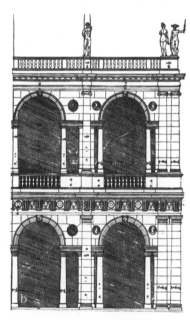
图3.2.11a，b 帕拉第奥母题

对称，在内部使用上，显然不是舒适的，但其外形的简明、凝练，构图的严谨以及和谐的比例，体现了他对古典规则的应用自如。帕拉第奥严格地遵循了古典的规则，从中提炼出古典的基本要素，而不是让这些古典规则束缚自己。

（3）戏剧性的巴洛克艺术

文艺复兴持续了近2个世纪，在16世纪末到17世纪初，由文艺复兴建筑引发的创作热情及建筑作品的丰富与多样性。在罗马掀起了新的艺术运动。建筑中严格的理性秩序，人们已开始感到它机械，令人厌烦，枯燥无味，限制了艺术家和建筑师创作激情。新一代的建筑师摒弃了对古典手法的执著仿效，投身于这场冲破"常规"为宗旨的艺术运动中。他们标新立异，追求新奇，采取非理性的组合，寻求反常的效果和欢乐的气氛。有人把这种思潮和作品看作是不良趣味，称之为"巴洛克"建筑。"巴洛克"原意为畸形的珍珠。

富有戏剧性的巴洛克建筑物，各部分堆砌了大量的建筑词汇，成为区别巴洛克建筑与文艺复兴建筑的显著标志。

巴洛克是包括建筑、绘画、雕刻、室内装饰和音乐在内的一场内容丰富的艺术运动。巴洛克没有学究式的说教，也不希望用评判来指导人们，它只是寻求用情感的力量给人以震撼。它鲜明的特征及所追求的艺术标准，开创了建筑史上的新阶段。

巴洛克放弃了对称和均衡，追求强有力的块体造型和光影变化，巴洛克放弃了方形和圆形的静态形式，采用了涡旋和富于动态的外形。让我们看看巴洛克两个奠基人帕尼尼与波罗米尼的一些代表作。

弗朗西斯科·波罗米尼（Francesco Boromine，1599—1667年）雕刻家和石匠，他1614年来到罗马，波罗米尼在罗马设计的小巧精美的圣卡罗教堂（1638—1667年），成为他最有影响力的作品（图3.2.12）。波罗米尼把一个椭圆平面的部分圆弧向内扭转，形成波浪形墙体，在檐口处用半圆拱将墙体恢复为椭圆。建筑平面与立面的起伏变化，成为巴洛克教堂的设计楷模。

帕尼尼（G·L·Bernini，1598—1680年），雕刻家，教庭总建筑师。帕尼尼是位能力非凡的奇才，他与米开朗基罗一样不因循设计的固定法则，作品追求一种雕刻效果。他多方面的才能还表现在戏剧艺术领域，他写过话剧和歌剧。他为歌剧演出画了布景，刻了雕像，发明了舞台

图3.2.12　圆厅别墅

图3.2.13　圣卡罗教堂

机械，谱写了乐曲，创作了脚本并建造了剧院。在当时，优秀建筑师应是集造型艺术、戏剧艺术、剧院设计于一身的杰出人才。

帕尼尼设计的圣彼得教堂前面柱廊围成的广场，平面为一椭圆加一个梯形，横向椭圆，以1586年竖立的方尖碑为中心，长轴198米（图3.2.14）。椭圆与教堂用一梯形相连，梯形部分的地面逐渐升高，柱子的阴影被减窄了，改变了人们对透视的正确感受。柱廊为四层塔什干柱子，柱距较小，284根柱子在正午的阳光下，浓重的阴影增加了空间的深度感。有人说柱廊象征教堂伸出的慈母般的双臂，拥抱着广场上虔诚的信徒（图3.2.15）。

图3.2.14　圣彼得广场

帕尼尼设计的梵蒂冈教皇接待厅前的阶梯（1663年），也显示了他非凡的才能。台阶从低向高越来越窄，平面投影为一长长的梯形，这条长长的室内阶梯，因其采光条件特别好，显得非常漂亮。帕尼尼巧妙地应用透视原理，在建筑中用上了舞美设计的布景手法。

帕尼尼说"一个不偶尔破坏规则的人，就永远不能超越它。"

（4）法国的古典主义及洛可可建筑

当巴洛克的艺术家们沉浸在戏剧性的兴奋之中时，文艺复兴的风潮已悄悄地越过阿尔卑斯山，意大利文艺复兴文化成了法国宫廷文化的催生剂。在一些贵族府邸上，意大利文艺复兴的柱式构图开始得以使用。16世纪20年代末，一些意大利艺术家和建筑师被聘到法国，意大利的大量出版的图书和论文在法国得到传播。意大利文艺复兴晚期的理论家赛里奥（Sebastiano Serio，1775 — 1854年）的一部分论文，1504年在法国里昂发表，他的理论趋向于唯理论，偏重于柱式构图，致力于建立严格的柱式规则，叠柱式规则就是他第一个制定的。因此，他对法国古典主义建筑的兴起，起了重要的作用。

17世纪中叶，法国的古典主义建筑理论在文学与绘画的古典潮流中同时成熟。1671年成立的建筑学院第一任教授勃隆台（F·Blondel，1671 — 1686年）成为法国古典主义建筑理论的主要代表。勃隆台在其所讲授的教材中系统地阐述了他的理论。他认为建筑艺术的规则就是纯粹的几何结构和数学关系，他把比例尊为建筑造型中决定性的、甚至惟一的因素。勃隆台说："美产生于度量和比例"。以勃隆台为代表的古典主义者认为，建筑的美在于局部和整体之间以及局部相互间的正确比例关系，它们有

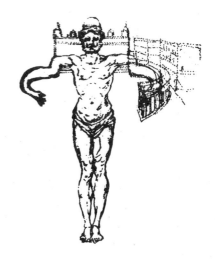

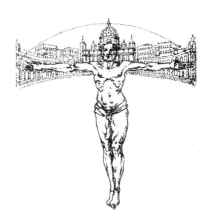

图3.2.15　帕尼尼所作草图

一个共同的量度单位。只要偏离这个关系，建筑物就会混乱。

古典主义者对柱式推崇备至，勃隆台说："柱式给予其他一切以度量和规则。"他们认为"高贵的"建筑就应当是柱式建筑，一切非柱式建筑都是"卑俗的"。值得注意的是，古典主义者反对古罗马的拱券式构图，主张柱式应当是梁柱结构的形式。古典主义者强调构图中的主从关系、突出轴线、讲究对称，穹顶成为他们构图的中心，用来统率整幢建筑。从古典主义的这些主张不难看出，在当时绝对君权制的法国，封建等级的观念必然反映到创作原则中，创造庄严雄伟，至高无上的专制形象成为建筑师的任务和使命。

古典主义建筑理论对美的理性判断是以几何和数学为基础，以分规来衡量，以数字来计算的。这种理性判断虽然在客观上促进了对建筑形式美的研究，但在审美实践上却无法代替感性的、直觉的审美经验，忽略了不同人群的审美习惯和审美差异，更不可能是放之四海而皆准的审美规则。

17世纪下半叶，法国建筑走向其古典主义建筑的极盛时期。纪念性建筑物的修建成为其主要内容。1663年，巴黎卢浮宫东立面准备重建，法国古典主义建筑师作的设计被送到意大利征求意见，被巴洛克建筑师否定，1665年，法国请来伯尼尼，请他作设计，伯尼尼按照意大利当时的府邸的样式作出了方案。伯尼尼一回国，法国建筑师说服宫廷，又放弃了他的设计。1667年，终于由勒伏（Louis le Vau，1612—1670年），勒勃亨（Chares le Brun，1619—1690年）和克·彼洛设计，3年后建成（图3.2.16）。

卢浮宫东立面的构图对称、均衡，强调了一些几何尺寸，中部宽28米为一正方形；两端部分各宽24米，均为柱廊宽度的一半；双柱的中线距为6.69米，是柱子高度的一半；基座的高度是总高的1/3等等。应用双柱构图，显得挺拔有力，形成节奏，富有韵律使构图完整、丰富。

严格说来，双柱和巨柱是有悖于古典规则的，可见古典主义理论在它的极盛时期也未能成为一切建筑创作的金科玉律。

17世纪下半叶，法国的绝对君权在路易十四统治下达到高峰。权臣高尔拜上书路易十四说："如陛下所知，除赫赫武功而外，唯建筑物最足以表现君王之伟大与气概"。

图3.2.16　卢浮宫

路易十四心领神会，竟拒绝把巴黎作为首府。他决定在距巴黎23公里的凡尔赛兴建新宫，把所有政府机构及宫廷都集中在一个大建筑里，这样可随时监督他们。凡尔赛宫成为欧洲集权统治的最典型标志。

17世纪60年代，由园林艺术家勒诺特（Andre le Notre，1613—1700年）开始兴建大花园。从上空眺望，可明显看到大花园中长达3公里的中轴线，这条中轴与宫殿建筑群中心线连成一体。花园中轴线上，有一个十字架形状的水渠，碧绿的十字架将大花园中几处重要的建筑联结起来。除水渠外其他部分都是开阔的草地、花圃，以及树林，这些又与花园以外的旷野和茂密的森林连成一片。

图3.2.17　凡尔赛宫

花园中除水渠之外，还有许多水池、喷泉和人造瀑布。园中庭院路径或曲或直，错落有致。网状道路大都笔直坦荡，具有皇家庭园气派。园中树木都经过精心修剪，或圆或方，或似一堵墙，遍布于园中。园中一些次要的小路，看似无规则地分布着，实际上都将庭园分割为许多几何形状的格子，格子里有雕像或大理石的古瓶，以及郁郁葱葱，绚丽多彩的花坛。

凡尔赛宫建筑的雏形，原是前皇路易十三用于行猎享乐的三合院猎庄。这座砖砌的三合院，向东敞开。新建大花园位于它的西部。1668年，在原三合院的南、北、西面贴了一圈新建筑物，后将三合院南北两翼向东延长，形成更宽的前院。原来的三合院立面改成大理石饰面。故得名大理石院。

1678年，孟莎（J·H·Mansart，1646—1708年）担任了凡尔赛的主要建筑师，他又在西立面正中进行扩建，建造了凡尔赛最主要的大厅——镜厅。镜厅长73米，宽9.7米，高13.1米，像一道华丽走廊。走廊一侧是巨大的拱形落地大窗，与西面窗子相对是17面大镜子，镜廊墙面为白色和淡紫色大理石饰面，墙面是绿色大理石饰面的科林斯壁柱，柱头和柱础均为铜铸、镀金。天花的檐壁的花环，檐口的天使雕像都饰以金色，拱顶画着巨幅的历史题材的油画。画框边也精心雕刻，饰以金色。这座金碧辉煌的镜厅建成后一直发挥着重要的作用，许多重大事件在此发生。1919年，在此签署了"凡尔赛和约"，宣布第一次世界大战结束。

1756年，路易十五登基，在他的统治期间，凡尔赛宫继续进行扩建，宫殿北端建了与宫院连体的歌剧院，西面进一步完成纵深3公里，占地6.7平方公里的法兰西大花园。凡尔赛大花园成为欧洲皇家园林典范，也是世界上最大的古典园林之一。

凡尔赛宫的建筑与园林设计以及室内装潢，都强烈地反映了当时法国发达的文化、艺术思想，它像中国的故宫一样，是封建统治鼎盛时代的纪念碑，也是古代建筑艺术的成功作品，现在凡尔赛宫已被巴黎市政府辟为开放公园，每年大约200万游客从世界各地赶来一瞻其宏伟的风采（图3.2.17）。

17世纪末，18世纪初，法国的专制政体出了危机，对外作战失利，经济面临破产，宫廷失去了权威，"忠君"思想已成为不堪回忆的笑话。巴黎的贵族建造精致私邸，安享逸乐之风，催生了一种新的建筑潮流，连同新的文学艺术潮流一道，成为巴洛克在法国的最后阶段，被称为洛可可。

洛可可名字的起源，意味着岩石和贝壳，洛可可风格主要表现在室内装饰上，自然形态的叶子和枝干形状，贝壳、珊瑚、海草、浪花和泡沫等海浪形状，成为室内装饰的形式，以追求娇柔、优雅的格调。满足对时髦和亲切感的需求。作为这些装饰的载体的建筑变得简单了，房间常为矩形、转角做成圆角，用象牙白或淡雅的色调涂绘，没有了柱子和壁柱，只有些简单的金色线脚。天花上涂天蓝色，画着白云。墙面上大量地布满镜子，以增加亮度和光彩。闪烁的光泽备受喜爱，晶体玻璃的吊灯，陈设的瓷器，家具上暴露着抛光的金属螺帽，反射着光亮。镜前安装烛台，让烛光在镜中摇曳。多变的曲线成了门窗上槛和镜子周边线脚。各种直线的轮廓饰以了涡卷和花草，对其进行软化和掩盖。金色的枝状和叶脉状的花草，纤弱而精细，端部以模糊的S形或C形结束，不需要对称，自由自在地存在着（图3.2.16）。

图3.2.18　洛可可内景

3.3　西方新建筑运动与现代建筑的审美追求

3.3.1　从古典建筑美学到现代技术美学

西方建筑从希腊罗马到19世纪，经历了两千多年的历程，19世纪也是社会形态从手工业时代到开始进入工业化时期。19世纪前，建筑的式样名称、形式、风格也发生过多样变化，但由于受社会、宗教、技术手段、建筑材料、地理、气候、交通、运输、印刷出版、传播手段等严重制约,建筑的发展极为缓慢。一些形式及风格的产生和发展,可以持续几个世纪。一些大型(相对于当时)的建筑物从开始施工至完工,需时几十年,甚至上百年,(圣彼德大教堂建造历时 120 年,中间停顿 20 几年)建筑师换了几代。生产力的落后,社会形态的相对不变,使建筑风格及型制稳定地被继承。一些新的思潮的传播也只能来自于为数不多的书籍的出版,或少量的建筑师的流动,甚至在对于古迹的考古测绘中去发现。在这种背景下传统的审美观念根深蒂固。纵观古典建筑的发展史,从古希腊的把美体现在人体比例中到古罗马根据皇帝对奢侈品需要结合较为先进的技术和材料,把希腊建筑风格改造为罗马风格。

在中世纪,教会要建造用人类技艺所能想象的最宏伟最状丽的大厦,让其色彩缤纷象征彼岸世界。至今人们还在诅咒中世纪神学耗尽了时代的精力,但仍不能不赞叹它所培养出来让心灵变得"崇高"的建筑之花。

到了文艺复兴时期,人们在废墟和手抄本中重新发现了古代希腊和罗马建筑的光辉,知识分子、艺术家和建筑师思维智力得到了解放,新时代为他们提供了施展才能的空间。审美理论的理论家以形式美的研究代替对建筑艺术的研究,他们崇尚"美是客观的","美就是和谐与完整","美有规律",他们为"柱式"定下了规范。

17 世纪出现在法国的古典主义把形式美推向了极端,否认了建筑艺术对现实的反映,以理性的艺术规则和标准来规范生动的艺术创造。哲学家笛卡尔要以"绝对可靠"的数学和几何学的理性来制约艺术创作的想象力。作家布瓦洛(Boileau)说:"笛卡尔卡住了艺术的咽喉。"

不甘心墨守成规的建筑师把绘画、雕刻与建筑的界限打破了,他们为着新的艺术运动而呐喊。意大利文艺复兴后出现了巴洛克,法国古典主义后有了洛可可。巴洛克尽管是畸形的珍珠,它仍然耀眼。洛可可意味着岩石和贝壳,这正是自然的形式。巴洛克及洛可可的大师们都是熟知古典美学的学者,他们要创新,要"解构"——改变古典构图的原则,但业主从历史经验中怀疑它的永恒性及权威性。18 世纪中叶,巴洛克及洛可可迅速终结,欧洲建筑又重新回到以希腊建筑为典范的庄重优雅的风格。建筑师更严谨,更忠实地复制古典的建筑形式。

18 世纪末,英国首先开始了工业革命,19 世纪西欧与北美先后进入工业化时期,机器生产迅速地取代了手工业生产。城市在扩大，人口在突增，交通在扩展，社会生活的复杂化，不同类型的建筑数量大大增加，建筑功能也日趋多样和复杂，与此同时科技创造发明达到了前所未有的水平。19世纪中叶前后，出现的铁和水泥，以及随后出现的钢和钢筋混凝土，不但改变了建筑的内外形式，建筑要以全新的面貌走向世界。

19世纪国际博览会很受重视，1851年，约瑟夫·帕克斯顿（Joseph Poxton，1803—1865年）设计的伦敦海德公园内的水晶宫，成为建筑从古典向现代交汇时期的世界上第一座新建筑（图3.3.1）。随着钢铁的普遍应用，1889年，为纪念法国大革命100周年举办的博览会上，两座世界大师级的钢铁建筑诞生了。孔塔曼设计的机器陈列馆，埃菲尔设计的铁塔（图3.3.2），他们创造了人类历史上跨度最大和高度最高的纪录。

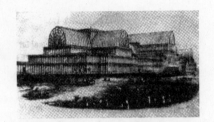

图3.3.1　伦敦水晶宫

图3.3.2　巴黎埃菲尔铁塔

然而，没有经过时间的洗礼的观念，理论和设计是没有权威性的。钢铁的水晶宫、机器陈列馆、埃菲尔铁塔从方案始，就有人预言它们必然垮塌，但它们分别完成了它们使命，有的至今依然矗立。

在传统理论及文化心理出现危机的时候，谨守旧规的人总是以怀旧来寻求解脱和安慰。19世纪英国著名的学者、艺术家拉斯金（John Ruskin，1818—1990年）。他在1849年出版的《建筑七灯》一书中说，好建筑最重要的品质，要忠实于材料本身的感觉，突出自然形式之美。但他的这段话只用来赞美19世纪中叶的哥特建筑的复兴。对于水晶宫、埃菲尔铁塔，他表现极其厌恶的情绪。他在《建筑七灯》中写道："我们不需要新的建筑风格，就像没有人需要新的绘画与雕刻风格一样。""我们现在知道的那些建筑样式对我们是足够好的了，我们只要老老实实地应用它们就行了，要想改变他们还早着呢！"

对于生产力相对落后的古典建筑时期，一个风格的改变确实要经历漫长的时期。拉斯金认为"要想改变还早着呢"的断言，受限于他对于历史传统研究得太深，然而这个预言已经不适应19世纪末，工业化要高速发展的时代了。至少，对于欧洲和北美一些发达国家，热衷于构图原理的论述已经跟不上时代变化和发展的脚步。

19世纪80年代钢筋混凝土的出现及应用。立面简洁，结构简明，内部空间流畅的建筑出现了。同时，伴随升降机的使用，世界上出现了第一批摩天大楼。建筑的功能、形体、空间、结构形式已非昔日可比。人们的审美观念尽管"惯性"很大,但新建筑的魅力被越来越多的人接受和欣赏。一些曾经受过古典建筑的形式美学思想熏陶的建筑师们,已开始寻求创造新的审美对象。被称为"技术美学"的新的审美观念出现了。然而,古典美学思想并未泯灭,艺术家及建筑师在构图中会常常自觉地用来表现"心仪"的美。

3.3.2　新建筑运动与建筑流派

从 19 世纪末,建筑的复古形式受到冲击,建筑艺术创作向何去,在欧洲各地,一些建筑理论家和建筑师开始探寻新路。这次变化的最显著特点是反传统。

19 世纪 60 年代,法国出现了印象派的绘画,以法国印象主义派奠基人马内(Manet Edouard,1832 — 1883 年)为代表的新兴画派对统治欧洲数百年的清规戒律提出了挑战,马内放弃了绘画中陈旧迂腐的理论,用反复强调的,独具一格的空间和光线的新规律取而代之。并通过这些手法使他的典型作品格外引人注目,成为现实生活的需要。

1849 年英国人拉金斯说的不需要新的建筑风格,就像人们不需要绘画和雕刻风格一样。这个预言仅仅过去十来年,如果我们将拉金斯的话反其意而用之,建筑艺术的新风格的出现,必然是不可避免的了。19 世纪末到 20 世纪初,一些主张创新的建筑师的活动汇合成为所谓的"新建筑运动"。19 世纪 80 ~ 90 年代的美国,复古主义被弃之于一旁,建筑师们开始形成本土的设计方式。

美国 1851 年参加伦敦的万国博览会,展出家具陈设与各样工具,第一次给欧洲人带去了美国产品,美洲大陆的适用造型,简洁的家具对欧洲来说是难得的启示。在建筑领域,被称为"芝加哥学派"的一批建筑师和工程师,成为首次出现的一伙商业建筑设计者。沙利文(Louis Sulivan,1856 — 1924 年)便是这个学派的代表人物。

1830 年芝加哥设市以后,人口逐渐增加到 30 万,住宅的需求量大增,一种被为"编篮式"的木屋,成为应急的便捷措施。由于木材的重量极轻,编篮式也被称为:"气球木架"。1833 年,这种全木结构的住宅初次用于芝加哥,很快被推广到美国各地。其做法主要用大量的 5 × 10 厘米的松木方料,先树起中距 40 厘米的支柱,加钉斜撑和横条;楼、地板搁栅与屋架的方材尺寸稍大;墙面钉鱼鳞式横板,内做板条粉刷墙面和天花。

这种木屋做法在19世纪70年代被称为"芝加哥构架"。木屋作为住宅是舒适的，但极易被火焚毁。1871年，芝加哥大火烧毁市区面积8万平方公里。1880年起，芝加哥全力进行重建，由于不断上升的土地费用以及许多技术的发展，美国的市中心发展快速，办公大楼如雨后春笋般不断冒出。作为降低地价在房屋造价中的比例的对策，投资人采用高层建筑方式以增加出租面积。一批迎合投资人意图的建筑家出现了。这些大厦出现在所有大城市中，尤其是在芝加哥。沙利文是个才华超群的人，他的设计风格和一丝不苟的态度，影响了后来的建筑师。

沙利文在高层建筑造型上的三段法，在以后的高层建筑的造型手法上被广泛流传。三段法将高层建筑的基座部分、标准层部分以及檐口部分，采用不同的构图形式处理。沙利文常被引用的一句名言："形式服从功能。"这句话很多时候被人曲解，其原意并非专指形式美必定出自功能的外在表现，而是指功能的忠实表达是设计一座美丽的楼房的重要的先决条件。他的代表作有：圣路易市九层办公楼（1890年），1900年前后陆续扩充的芝加哥12层卡森百货大楼，以及巴福娄城13层的保证大厦（1895年），其中，保证大厦是他实践自己提出的三段法立面设计的典型之一。其简洁明确的立面，忠实地表达了框架结构真实的外在形式（图3.3.3）。

图3.3.3　保证大厦

1900年，沙利文提出"有机建筑"论点，即整体与细部，形式与功能的有机结合。作为最早解决高层办公楼设计的芝加哥学派，树立了高层建筑早期的造型风格，给后来的旅馆公寓建筑设计留下楷模，为技术与艺术的有机合理的统一作出了宝贵的贡献。

1893年芝加哥举办哥伦布博览会。展览建筑除沙利文设计的交通馆外，其余展馆都由东部纽约的建筑师设计，折中主义风格的建筑充斥于博览会建筑。社会的爱好被突然导向古罗马的檐柱以及石膏制作的假古董。芝加哥学派甚而被讥笑为落后的一伙。沙利文无比失望地预言："芝加哥博览会造成的灾难，将延续半世纪！"然而，追求不断创新的建筑师并未感到末日的到来，他的门徒，20世纪美国最著名的建筑师赖特（Frank Lioyd Wright，1869—1959年），在以后的半个世纪中，成为建筑史上一颗耀眼的明星，不过最先是欧洲人发现了他的才华。

赖特从小热爱乡野，讨厌城市生活，他在进入大学土木工程系两年就离去，到芝加哥谋生。1887年进入沙利文工作室当了6年助手,沙利文是赖特终生尊敬的人,是惟一影响过他的人。但影响赖特更多的是沙利文的设计态度,而不是他的设计风格。赖特对于沙利文拿手的办公大楼设计没有兴趣,他热心于设计接下的私人住宅。他独立完成了许多建筑委托,发展了一种非常个人化的风格。他早期设计的芝加哥郊区的房子被人们称为"草原式"风格。草原式作为芝加哥学派的支流,表达了赖特所感受到的人与自然的关系。

赖特自称,其设计的早期居住建筑,即被人们称为的"草原式",有以下特征:住宅的房间减到最少限度,组成具有阳光、空气流通和外景灵活的统一空间;住宅配合园地,底层、楼层、屋檐与地面形成一系列的平行线;打破整个住宅和内部房间闷箱式气氛;变墙壁为屏蔽而不封闭;家具装潢式样和住宅要协调。

1893年,赖特开办了自己的事务所,开始设计草原式风格住宅。事实上,当他还在沙利文工作室时,就暗地在做自己追求的设计了。为此曾引起沙利文对赖特的不满。

赖特1908年设计的芝加哥栎树园罗比住宅(the Robie House, 1908年)(图3.3.4)是草原式代表作。该建筑被定为重要文物,长期得以保存。

赖特早期作品:纽约州布法罗市7层高的拉金肥皂公司办公楼(the Larkin Building,1904年)该建筑砖砌入口,立面像埃及庙宇的塔式门楼,简洁而惊人。在办公楼设计中独一无二,前所未见,内部为5层高的玻璃顶中央大厅,四周是多层陈列室,一盏巨大的中央顶灯照亮了整个大厅。

拉金办公楼呈立式的简洁,而罗比住宅细腻,呈水平线重复。代表了赖特对粗线条的美国式建筑风格的追求。

赖特的作品吸引了到美国哈佛大学讲学的德国人弗兰克教授,弗兰克登门拜访。力邀他到德国去,并对他说:"德国人正在摸索你实际已做到的东西,美国人50年内尚缺少接受你这个人的准备。"赖特当时没有答应,1910年,他真的去了欧洲。

弗兰克教授通过柏林建筑出版公司在1910年印行《赖特设计方案及完成建筑专集》;1911年又印行《赖特建筑作品专集》。同时举办了赖特个人作品图展。荷兰建筑师伍德(Jacobus Johannes Piete Out, 1890—1963年)看过展览后说:"赖特的作品有启示性,富有说服力,

图3.3.4　罗比住宅

活跃坚挺，各部分造型相互穿插变化，整个建筑物从土中自然生长出来，是我们这个时代功能结合舒适生活惟一无二的体裁。"现代建筑的最重要的代表人物之一，德国人密斯·凡·德·罗（Mies Van Der Rohe, 1886—1970年）也说："愈深入看他的创作，就愈赞美他的无比才华。他的勇于独创道路，都出自意想不到的魄力，影响即使看不见也会感受到"。

赖特与早期芝加哥学派擅长利用钢框架不同，他热衷于钢筋混凝土结构，并着力发挥其悬臂作用，1936年他首次有机会用于"流水别墅"。

流水别墅，又名落泉庄（图3.3.5）是赖特为德国移民美国富豪考夫曼设计建造的郊外别墅。流水别墅以其自由灵活的组合，从不同角度欣赏到的丰富变化，意趣横生的体型轮廓，构成生动活跃的画面。

流水别墅地处美国宾夕法尼亚州西南部匹兹堡市林木繁茂，山石峥嵘的新区熊跑溪畔。周围是成片的栎树林，满山遍野的杜鹃花映红了整个山谷。清清的溪水从高高的山岩上跌落下来，形成一个个小小的瀑布，环境幽静而迷人。匹兹堡百货公司的老板考夫曼迷上了这咚咚的泉水，并卖下了这块地产。在赖特的塔里埃森学校进修的考夫曼的学建筑的儿子，引荐了赖特为其父在此地设计一幢别墅。赖特深深地迷恋着这里优美静谧的自然环境。他认真地对地形进行了细致的察看，并和助手们对15厘米以上直径的树木和较大的山石都记下了明显记号。这里优美的环境使他灵感顿发，进而巧妙地利用环境充分地考虑到山石、瀑布、林木的自然位置，他要把别墅融于其中。在落水别墅的平面图上，我们看到纵贯南北的5条平行线确立的建筑空间的基线轮廓都避开了山石和大树。在这块纵深不到12米的狭长地段，先减去5米的道路用地，在余下的基地上将平面水平穿插，向下悬挑。整幢建筑呈横向布局，争取到南北朝向，以获取最佳的日照和通风。

流水别墅的外形，两层悬空的大平台，扁平的形体高低错落，前后掩映。一道道白色的横墙悬臂与几条竖向暗色而粗犷的石墙组成了纵横交错构图。给人一种灵活而又稳定的动感。与横向山石和纵向林木交相辉映，一眼望去：错动欲飞的青黄色的挑台，仿佛被其后矗立的两片片石墙牢牢地钉在山谷里峥嵘的岩石之上。溪水从挑台下面怡然跃出，为静默的建筑带来了欢快。整幢建筑仿佛是从山石中破土而出，四周林木葱葱，轻风掠过，光影婆娑。

图3.3.5　流水别墅

与悬板下浓重的阴影相映成趣，美不胜收。

　　别墅一层为起居室，餐室和厨房等，二层为卧室。房间被石墙与大面积玻璃门窗围合，仿佛室内室外在相互流动，相互渗透，建筑与大自然浑然一体。在室内起居室的壁炉旁，一块略为突出地面的天然山石被有意保留下来，稍加雕凿后与壁炉石墙连为一体，地面和壁炉也是选用石材砌就的。另外，还专门设计了一套家具嵌入墙内，再加上一些兽皮地毯之类的装饰，更增添了无限的生机和自然情趣。流水别墅自从建成以来，一直受到人们极大的重视，成为 20 世纪世界建筑园地中罕见的一朵奇葩。前往参观的人们络绎不绝，美国已将它作为国家重点文物加以保护。赖特一生总是不断创新，他是使美国从芝加哥学派过渡到现代建筑的桥梁，他充满自信地不断试用独创的钢筋混凝土结构造型，对现代建筑产生了极大的影响，他是反古典檐口柱式，打破传统的均衡，对称，追求灵活空间的代表人物。他走的是一条独特的道路。

　　在流水别墅悬挑阳台的施工中，工人们在没有获得施工公司生命保险福利情况下，拒绝拆除阳台模板，赖特亲自示范，手抢大锤把模板支撑带头打掉。

　　1936 年，赖特设计的约翰逊制蜡公司实验楼（图3.3.6），工作厅采用了上肥下瘦的钢网水泥细高圆柱支撑伞状屋顶(图3.3.7)，创造了室内空间的前所未有的造型。市政工程当局怀疑其强度，直到加载试验超过规定几倍时，才认可它的安全性。

　　赖特后期伟大的作品是位于纽约的古根海姆博物馆（图3.3.8 ）。后部10层高的部分为1972年扩建，新建部分通过简洁的立方体造型与原神奇的海螺形体态，形成强烈的对比，起到很好的衬托作用。新添部分的设计者是格瓦思米(Charles Gwathmey)和西格尔（Robert Siegel）。

　　古根海姆是美国的一位冶炼业的百万富翁，他很欣赏赖特的才华。赖特多年来一直在探索如何构造一种建筑空间，当人们置身于这个空间时，在前后、左右、上下三维方向上都能感受到空间的有机联系，同时人们对于空间的感受又会不断地变化。赖特的研究使他认为：如果一个人处于一个极大的螺丝壳中，在它的螺旋空间里就会有如上的体验。赖特在设计古根海姆博物馆之前就作过这方面的尝试，他曾经在旧金山设计过一个螺旋形空间的商店和一个螺旋形的汽车库。这次，赖特又向古根海姆陈述了他的新理论，他告诉古根海姆，应当让参观者连续地处在展

图3.3.6　　制蜡公司大楼

图3.3.7　　制蜡公司室内

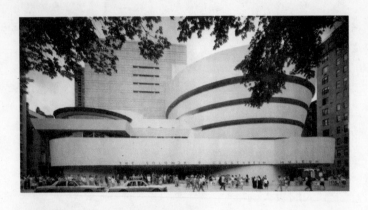

品的特定环境氛围之中，不应因展室与楼层的间断干扰和打断参观者的兴致，他的螺旋形的参观路线完全满足这个要求。古根海姆听后为之动心，决定委托赖特在纽约最豪华的第五街一块长50米，宽70米的土地上实践他的理论，他知道赖特的艺术作品将会连同古根海姆的名字传世流芳。

古根海姆博物馆由两部分组成。一部分是高约30米的主厅，呈6层螺旋形向上逐层扩大的圆塔，底部直径28米到顶层时，直径达38.5米，地下室为演讲厅。另一部分是行政办公用房。两部分在底层由一个入口敞廊联系在一起。

经过入口的敞廊，进入右边的圆形小门厅便来到陈列厅螺旋圆筒的中间，周围是一层层按3%的坡度盘旋而上的正螺旋面挑台。螺旋坡道环绕大厅而上，长430余米，坡道宽5米，随着高度的增加，坡道宽度随着直径增大而加宽，到顶时，坡道宽度为10米。整个螺旋筒几乎没有外窗，大厅内自然采光主要来自正中顶部巨大的玻璃穹顶。另外，沿坡道的外墙上，光线由一圈玻璃高窗反射入内，透进的自然光线可以照亮陈列的展品。

参观的人们进入陈列厅后可以乘半圆形的电梯直到顶层，然后顺着螺旋坡道向下参观。也可以由上往上参观，到顶层后坐电梯离开。陈列厅可同时容纳1500名参观者。

赖特早在1946年就着手古根海姆博物馆，由于种种原因，这项工程到1957年才动工，1959年竣工。然而这位被称为世界现代建筑的四大元老之一的赖特已届90岁高龄，于当年不幸去世。他一生有70年在工作，包括500座已经建成的工程和500多种方案，加上十多种著作，他的住宅既是事务所又兼学塾。

古根海姆博物馆是赖特在建筑空间运用上一个成熟的作品。其螺旋形空间形成的连续参观路线，简捷而集中，增加了公共建筑室内空间的流动，打上了他"有机建筑"理论的烙印。赖特曾不无得意地说："在这里，建筑第一次表现为塑性，一层流入另一层，代替了通常那种呆板的楼层重叠。"古根海姆博物馆对以后建造的连续式空

图3.3.8　古根海姆博物馆

间的展览建筑产生了不小影响,现代旅馆的中庭共享空间的设计也可以说源于它。

　　新奇的建筑设计往往在体现创新与突破的同时, 它的欠缺和不足最易引起争论。古根海姆博物馆螺旋形长廊既是陈列厅又是交通线,展品布置不够灵活。同时, 由于廊道宽度的限制,参观者在对展品鉴赏时, 在距离和角度上选择性差。另外, 参观者长久站立在3%坡面上感觉不舒服。向外倾斜的墙面, 感觉每件展品既不水平也不垂直,仿佛每件展品都没有挂正。为了弥补这个缺陷,只好在墙面上挑出钢架,把画悬挂于钢架臂端,这一点不能不说是白壁上的瑕疵。

图3.3.9　人民宫

　　在欧洲,工业革命的结果使建筑有了多样不同的形式。在19与20世纪之交的二三十年中,艺术家、建筑师和他们的赞助人通过国际性的展览向艺术品的购买者,推广他们新的艺术思想,建筑师中的许多人与文艺界的联系更加密切,他们以不同途径在建筑设计和建筑艺术方面进行创新,志趣相投者形成一些团体,其中最著名的有"新艺术运动"(Art Noveau),创始人比利时建筑师霍特(Victor Horta, 1861—1947年)。他们热衷于一种新的美学标准,这种标准的特色是追求外观为松沓、平滑的曲线。霍特的代表作是布鲁塞尔的塔塞尔旅馆(the Hotel Tassel)和人民宫 (the Maasion Du Peuple, 1896 年)(图3.3.9)。

　　在19世纪过渡到20世纪之间,西班牙也出现"新艺术运动"风格作品。代表这派的是西班牙巴塞罗那的高迪(Antoni Gaudi, 1852—1926年),他是一位神秘的禁欲主义者,他的作品极富个性,突出了个人独有的风格。米拉公寓 (the Casa Mila, 1905 年)(图 3.3.10)是他的代表作之一。他精通形式与空间,把设计重点放在造型艺术方面,他用水泥制造流动的形状,其中嵌入陶片、玻璃片和一团团装饰性的金属制品,他异乎寻常的想象力,创造了奇特、怪诞的建筑形象。西班牙历史上曾建立过穆斯林王朝,基督教文化与回教文化碰撞,产生了既是基督教式的又是阿拉伯式的文化艺术风格。

　　在新建筑运动潮流中,维也纳学派和分离派也是上个世纪之交有相当影响的主要流派。

　　维也纳学派的创始人瓦格纳(Otto Wagner, 1841—1918年)。50岁前,他还是一个传统古典主义的信徒,1894年,他来到维也纳艺术学院执教,此时他的建筑思想来了

个大转变，提出新建筑要适应时代的需要，表现当代生活。1895年，瓦格纳所著《新建筑》指出，建筑艺术创作只能源于时代生活，不应孤立地对待新材料，新技术原理，而应联系到新造型，使与生活需要相协调。他主张建筑教育的目的应该是培养建筑家而不是技术家。当然瓦格纳所说的建筑家应当是"艺术和技术"结合的专家。

瓦格纳广为人知的作品是维也纳邮政储蓄银行大楼（1904年）。银行营业厅（图3.3.11）内部简洁、朴素的墙面，铁架玻璃的筒形穹顶，由细窄的金属框格与大块玻璃组成，两排支撑穹顶的钢铁内柱上宽下窄，整个大厅新颖、简洁，今天看来也十分现代。

维也纳学派中的骨干，最著名的是他的学生奥尔布里西、霍夫曼和卢斯。

奥尔布里西（Joseph Maria Olbrich, 1867—1908年）是瓦格纳的得意门生，在他的事务所工作了5年，帮助瓦格纳设计维也纳地铁各车站。1897年，维也纳一群新艺术运动的信徒、画家、雕刻家、以装饰为主的建筑师成立"分立派"，奥尔布里西背叛瓦格纳成为发起人之一。1900年，也应邀去达姆斯达特城设计了一座轻松愉悦的"分离派"总部，是一座有金属穹顶的长方形小楼。低矮的建筑群布置了美术家的住宅、展览厅，建筑群经过扩建，于1907年全部完成。设计最引人注目处是45米高的婚典塔楼（Wedding Tower），建筑五光十色，洋溢着节日气氛（图3.3.12）。

霍夫曼（Joseph Hoffmann, 1870—1956年）从师瓦格纳，先为维也纳学派骨干，后加入分离派。霍夫曼的作品代表了向现代的迈进，他决意在居住建筑中去掉繁杂的装饰，他力求依靠形式的多样和材料的对比来获得构图的效果。霍夫曼最著称的建筑是布鲁塞尔司陶克莱公馆（Palais Stoclet, 1905—1914年）（图3.3.13），瓦格纳去世后，霍夫曼成为奥地利建筑界的代表人物。

卢斯（Adolf Loos, 1870—1933年）是一个对传统建筑的艺术加以否定的人。他对装饰产生反感，甚至把适用和美观对立起来。他认为凡适用的东西都不必美观。

 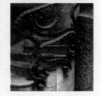

图3.3.10 米拉公寓

1908 年他著文《装饰与罪恶》主张了他反装饰的哲学观点。他的设计就按避免"犯罪"行事，简洁、朴实，排除一切装饰，只留下素壁方窗。他设计的维也纳史泰诺尔住宅(Steiner House, 1910 年)代表了他的风格(图3.3.14)。

3.3.3　现代主义建筑思潮的传播

20世纪20~30年代，西方建筑舞台出现了历史性的转变。1918 年，第一次世界大战结束，欧洲各国忙于在战争的废墟上重建家园，恢复经济。战后初期，由于传统建筑的长期影响，古典建筑形式的精雕细刻，耗时费力，已与战后的经济状况不相适应，经济困难和严重房荒，对处于复苏阶段的欧洲来说，无疑是沉重不堪的重负。另一方面，社会的动荡也促使人们更容易接受改革的新思潮。

德国在战争中被打败，20 世纪初曾经取代英、法成为经济领头羊地位的德国，只留下力量和效率的记忆。在建筑界，一些建筑师面对困难和危机，走出了建筑改革之路，提出了比较彻底的建筑改革主张，青年建筑师格罗皮乌斯（Walter Gropius，1883—1969 年）成为改革派的杰出代表。

格罗皮乌斯于 1883 年出生于柏林一个建筑师家庭，青年时代在柏林和慕尼黑两地的大学接受建筑教育。1907 年进入德国当时最享有盛名的建筑师贝伦斯的事务所。格罗皮乌斯在贝伦斯事务所 3 年（1907—1910 年），并居负责地位。贝伦斯先进的设计思想，对他产生 了重要的影响，并使他有机会接触到现代工业的一系列设计问题。格罗皮乌斯从贝伦斯处学到一套本领，认识到工业文明潜势，为后来的包豪斯教学定下宗旨。

1911 年，格罗皮乌斯与梅耶（Addf Meyer）合作设计的法古斯鞋楦厂（图 3.3.15 ），标志着新建筑的真正开端。法古斯鞋楦厂是制造木质鞋楦的小型工厂，在单层厂房前部是一座三层的办公小楼。办公楼采用钢筋混凝土框架结构，单面直廊。外墙柱子之间采用玻璃外墙，在转角处取消了角柱，使办公楼具有轻巧通透的现代面貌，给人以清新俊秀之感。

20 世纪，掌握建筑的新观点、新技术的人才，需求教育的培养。格罗皮乌斯走上从事建筑教育之路。1919 年，他创办了"包豪斯"建筑学校任校长。欧洲各不同流派的艺术家被聘到学校授课。包豪斯的课程安排也曾引起过一些争议，但应当说，他的教学方针和方法对现代建筑

图3.3.11　维也纳银行

图3.3.12　婚典塔楼

图3.3.13　司陶克莱公馆

图3.3.14　史泰诺尔住宅

图3.3.15　法古斯鞋楦厂

的发展产生过较大的影响。

1925年，格罗皮乌斯为包豪斯学院设计的新校舍，这座著名的建筑物被公认为格罗皮乌斯的代表作，成为现代建筑史上一个重要的里程碑，对现代建筑的发展产生了极大的影响（图3.3.16）。包豪斯校舍生动、具体地体现了格罗皮乌斯对于"新建筑"的设计原则："建筑师必须打破把建筑物设计成纪念碑的想法，而要把它作为服务于各种生活内容的容器来考虑。"

包豪斯校舍1925年秋季动工，1926年底建成。这样的速度在战后的欧洲是何等的重要，这在古典建筑时期是绝不可能的，整个校舍建筑群面积有10 000平方米，包括3个部分：设计学院、实习工厂和学生宿舍。由于校舍是由教堂、车间、办公室、礼堂和学生宿舍等不同使用要求的各部分组成。格罗皮乌斯根据各部分的使用要求采用不同的结构形式，决定各部位朝向，采光需求，相互之间符合使用要求的联系方式等。第一部分是设计学院，它是4层高的建筑物，采用钢筋混凝土框架结构，这一部分沿主要道路布置，主要入口靠近道路，便于人流疏散。第二部分为学生宿舍，是一幢六层高的小楼，位置也邻近出入口道路。第三部分为实习工厂，即附属学院中的一所职业学校。实习工厂采用框架结构，大片玻璃窗，光线充足。教室、宿舍、实习工厂分别置于建筑的3个端头，以减少相互干扰。食堂和行政办公室部分被置于3部分连接体部分。食堂、礼堂靠近学生宿舍，办公室和教师用房置于教室与实习工厂之间20米的过街楼上，各部之间布局合理、紧凑、管理方便。

包豪斯学院的问世说明了必须挣脱传统的条条框框的桎梏，建筑师才能有所创造。说明了在一战后的欧洲，社会经济需要以较快的速度发展的要求之下，古典建筑的设计思想和方法已经完全不适应时代的需要了。

格罗皮乌斯在1937年赴美之后的第一次公开讲话中谈到："我无意向你们引进一种枯燥乏味，轮廓分明的'现代风格'；与之相反，我想引进的是一种根据具体情况来解决具体问题的方法，用无偏见的、独创的、灵活的态度来对待时代向我们提出的种种要求。"

格罗皮乌斯主张建筑的美并不是一种凝固的，一成不变的东西，而是随着思想和技术的进步而改变的。每个时代对美的评价标准也大相径庭，很可能上一代极尽奢华的建筑物，在下一代眼里会变成不切实际的浪费无度的代

图3.3.16　包豪斯校舍

表。格罗皮乌斯特别反对复古主义思潮，明确指出单纯的仿古必然没有出路。他将建筑的实用和经济作为最重要的因素列入建筑设计的原则和方法之中，他的这种以功能需要作为设计的出发点，力求使建筑的形式、材料结构与功能需要协调起来的思想，被称为"功能主义"。

包豪斯校舍在建筑史上的重要地位，明显地表现在不同于古典建筑的 3 大特点：

1）设计出发点不同。古典式建筑的设计的主要依据是建筑的外观体型，设计师先有了建筑的外观体型，然后再把各种房间放在建筑的体型里去。包豪斯校舍一反常规，它以建筑各部分的使用要求作为设计的出发点，然而确定各部分的位置和建筑外形。

2）古典建筑的特点强调对称。学院类型的古典式建筑的外观总是以规矩对称为构图之原则。包豪斯校舍没有刻意去营造严谨对称的正立面，它的各个部分大小高低，形成和方向各不相同。它在高低，长短，纵与横，虚与实的不同对比中，形成丰富的变化，使整个校舍凸显了学校的特色，又具有生动活泼的形象。

3）古典建筑往往依靠雕刻、柱廊及装饰性的花纹线脚形成建筑美，其精雕细刻，将耗费大量的时间和财力。包豪斯抛开了古典式建筑装饰的束缚，以很低的造价，解决了复杂的使用要求，靠建筑本身的各种构配件的组合和建筑材料本身的色彩和质地来取得简洁、明快的艺术效果。

包豪斯校舍创造的全新的设计理念和全新的建筑形象是格罗皮乌斯"功能主义"的具体体现。

格罗皮乌斯 1934 年离开纳粹德国去伦敦，与当地建筑师合作，设计住宅、学校。1937 年被邀请到美国哈佛大学教课，翌年主持建筑学专业。但丝毫不想把包豪斯那套搬到美国。他指出，美国情况不同于欧洲，不应把欧洲的新建筑运动看成是静止的死水，连包豪斯当年也在不停的变，经常探索新的教学方法。如果有人想要看到包豪斯或格罗皮乌斯的风格泛滥四方，那是不可取的。他说包豪斯不推行制度式的教条，只不过想增加设计创作的活力，若强调"包豪斯"精神就是失败，这正是包豪斯自身所尽力避免的。1953 年，格罗皮乌斯 70 寿辰，人们表示祝贺在芝加哥植树以资纪念时，他说："我希望这株树苗能成为一棵参天大树，在它的枝丫上，各种色彩和体型的小鸟可以自由自在地飞翔和停息。…… 我自己知道，我是一个被贴上许多标签，包括'包豪斯风格'、'国际风格'、'功能主义风格'的一位人物，所有这些都成功地把富于人性的一面掩盖起来了。"

1930年，包豪斯学校校长由德籍犹太人密斯·凡德罗（Miss Van Der Rohe, 1886—1970年）接替。密斯出身于一个石匠家庭，他自己只读过小学和中技校。1905年，19岁的密斯在柏林一家建筑事务所当学徒，1908年转入贝伦斯事务所，在贝伦斯事务所工作的3年中，密斯学到了古典的严谨规律并开始走向自己的简洁处理建筑细部的手法。密斯离开贝伦斯后，1911年去荷兰伯拉基事务所工作了一段，密斯又从伯拉基学到对结构与材料的忠实应用，而趋向更纯洁的作风。1913年起独立工作，承担些居住建筑设计。

第一次世界大战结束后，1919—1922年间，密斯设计了一些钢筋混凝土框架玻璃幕墙的令人心动的"玻璃摩天大楼方案"。随着20年代包豪斯理性主义风格的形成，密斯找到了自己的方向。他的建筑逐渐变得越来越简约、平静和优雅。

著名的巴塞罗那世界博览会德国馆（1929年）是密斯的代表作（图3.3.17）。是他对设计充满自信的写照。德国馆是一个小规模的，不对称的一层平顶建筑。平面布局灵活开敞。8根钢柱与内外墙完全分立，两幢房子靠一墙面与屋顶挑檐连为一体，前面为一有水池的庭院。建筑采用了昂贵的材料：条纹玛瑙石、大理石、云石、有色玻璃和镀铬的十字形钢。室内空间用名贵华丽的磨光石材墙隔成陈列区，石墙的位置成功地起着导向的功能。优雅，变化的空间系列，及选用的材料增强了馆舍的美学效果。德国馆的设计的空间处理，无论是室内室外都达到了独到的境界。这就使馆舍本身成为一个主要的陈列品。

1937年，密斯50岁时来到美国，抱着昔日对赖特作品的仰慕，他定居在芝加哥。在一次建筑师聚会的宴席上，赖特把密斯介绍给众宾客。赖特说："现在是欧洲继美国领导建筑的时候了……"30年代的美国，工业与科技高度发展，密斯能实现他在欧洲不能实现的理想和计划。1938年，他被任命为伊里诺理工学院建筑系主任，同时在芝加哥设事务所。至此，密斯揭开了新的一页。

密斯在建筑设计上的态度是严谨的，他不懈地从空间造型艺术上去达到他对于简洁的追求，他忽略了建筑的许多需要，有些需要被他认为是累赘而简化掉了。

图3.3.17　巴塞罗那德国馆

密斯的名言"少就是多",是他在建筑和艺术处理上坚持的原则。早在 1919—1922 年时,他在设计全玻璃幕墙的建筑方案时,他就认为玻璃幕墙起反射作用,没有阴影,可以获得最简洁的造型;同时,它映现出周围的景色,可以得到丰富多彩的艺术效果。密斯对于玻璃幕墙的偏爱,成为他的名言"少就是多"的最佳注脚。

图3.3.18 伊里诺理工学院专业教室

1946 年起,他在芝加哥设计几幢高层公寓。他的严格的简化手法使公寓钢架玻璃饱受日晒,室内温度急剧上升,只有开足冷气才能解除酷热。1955 年他为伊里诺工学院设计建筑专业教室(图3.3.18)。把大空间用低屏隔成绘图、讲课、办公等小空间,只追求空阔气氛,置视听干扰于不顾,造成使用上的缺憾。1958 年,他完成西格拉姆酿造公司 38 层办公楼(图3.3.19),钢框架外包青铜板,支柱之间夹装琥珀色玻璃板与玻璃窗,造价之高使业主由于有了这笔名贵的不动产,每年多缴纳数倍的房产税。评论者讽刺是政府对艺术创作的惩罚。1968 年,密斯为德国设计柏林"新 20 世纪"博物馆。是单层四面玻璃大空间,用屏风隔断分隔陈列单元(图3.3.20)。地下室成了主要陈列和办公部分。评论者认为:地面的大空间只不过是地下陈列室的门厅,是把自身当作艺术品展览的过厅,光线耀眼问题及与城市规划结合都未解决或考虑不周。这些例子说明密斯强调造型艺术忽略使用功能的作法是不可取的。然而,更极端的例子是他在 1945—1950 年间完成的"范思沃思"住宅(图3.3.21)。按照他的艺术构思,造出了一幢住人的长方形"水晶宫"。屋面板与台基中间是四面落地的玻璃窗,室内只用矮橱隔成起居、卧室、浴室、厨房各部分。不幸的"水晶宫"的女主人,被生活的不便与严寒酷暑的折磨所激怒,以致房主女医生起诉他而发生法律纠纷。密斯一生追求技术与艺术相统一,提倡精确、完美的艺术效果,希望能利用新材料、新技术成功解决高层建筑造型与单层广阔空间的造型艺术需要,其作品对 20 世纪建筑艺术风格产生了广泛影响,在密斯诞生 100 周年时,巴塞罗那博览会德国馆在原址重建。尽管德国馆的功能是简单的,但却是 20 世纪产生的建筑艺术精品之一。

图3.3.19 西格拉姆大厦

图3.3.20 柏林博物馆

1923 年,一本名为《走向新建筑》的书在巴黎出版,作者是一位 36 岁的瑞士人勒·柯布西耶(Le Corbusier,1887—1965 年)。他后来成为 20 世纪最伟大,最具影响力的建筑师。

图3.3.21 范思沃思住宅

柯布西耶出生在瑞士一生产钟表的地区，家庭几辈都是表壳装饰刻工。他14岁入当地美术学校学习刻板和装饰，初次接触到北欧新艺术动态，少年时的经历对他产生了深远的影响。18岁时，从未进过建筑专业院校的柯布西耶开始为乡人设计住宅，设计报酬成为他背着旅行袋到处游览写生的盘缠，走遍意大利、奥、匈各国。1907年，他在欧洲之旅结束时来到巴黎，在巴黎见到了巴黎圣母院、埃菲尔铁塔，1908年初进入了佩雷（Aurust Perret）事务所，并为佩雷工作了一段时间。从佩雷那里他学到了对新建筑的创造需要的设计原理及钢筋混凝土知识。1910年他在柏林进入贝仑斯事务所，这时格皮乌斯、密斯已是这事务所的从业员，柯布西耶只呆了几个月，他很快学到了把艺术与科技结合的权威人物贝仑斯的思想方法。1911年，柯布西耶东游捷克、巴尔干半岛、小亚细亚和希腊，古希腊雅典卫城给了他很多启示。

柯布西耶思想活跃，对客观事物非常敏感，是一个在设计上善于创新，被其他建筑师称为"不断变化着的人"。在《走向新建筑》书中。柯布西耶发出了对新建筑采取新的态度的战斗宣言，他写到：一个伟大的时代已到来，存在着一种新的精神，这种新精神中孕育着大量的作品；这种精神将在工业产品中不期而遇。建筑会在习惯中窒息，"风格是一个谎言"。 20年代初，在他未有更多的说明自己的见解的实物前，便已通过杂志与书籍，以夸张、偏激、尖刻的口吻发表革新建筑、艺术、城市与工艺品设计的意见。他是一位设计与理论并重的建筑家。他一生出版著作40余册，完成的建筑作品60余件，然而设计方案却做了不计其数。他的言论和作品经常引起议论，有人赞成，有人反对。但他提出来的东西却常常影响着建筑的设计倾向。他常常把自己描绘为一个孤独和不被理解的叛逆者。他一生都在追求新观念，他的丰富的阅历和思想，使他永远走在批判者和模仿者的前头。他喜爱简单的、粗放的形式，再以精心搭配的色彩加强效果。他要求人们建立新的美学观，建立由于工业发展而得到了解放的美学观。他说："这种美学观是以'数字'，也就是以秩序作为基础的。"

在《走向新建筑》一书中，柯布西耶首先称赞工程师由经济法则与数学计算形成的不自觉的美，反对被习惯势力所束缚的建筑样式，认为建筑师应当注意的是构成建筑自身的平面、墙面和形体，并在调整它们的相互关系中，创造纯净与美的形式。

柯布西耶在书中提出了革新建筑的方向，他所要革新的是居住建筑。他在书中提出了他的惊人的论点——"房屋是住人的机器"。他这样解释：房屋不仅应像机器适应生产那样适应居住要求，还要像生产飞机与汽车那样大量生产；机器，由于它的形象真实地表现了它的生产效能，是美的，房屋也应当如此；能满足居住要求的，卫生的居住环境有促进身体健康，洁净精神的作用，这也就为建筑的美奠定了基础。柯布西耶上述思想明确地声称：大量生产的适用的房屋，才是建筑的目的和建筑美的基本。

在书中，柯布西耶明确地提出了住宅的具体要求：要有一个大小如过去的起居室那样的朝南的浴室，以供日光浴与健身活动之用；要有一个大的起居室而不是几个小的；房间的墙面应当光洁，尽可能设置壁橱代替重型家具；厨房建于顶层，可隔绝油烟味；采用分散的灯光；使用吸尘器；要有大片的玻璃窗，充满阳光和空气等等。为了说明自己的观点，柯布西耶还在书中提出了一些不同类型的住宅方案，有独立式的、公寓式的、并立式的、供艺术家居住的、大学生宿舍、以及海滨别墅等等。方案普遍注意了不同性质的空间在适应不同使用要求中的布局和联系。空间的尺度和组合都很紧凑，阳光、空气和绿化被放到首要的地位。在建筑造型上，采用了全部直线，直角和简单的几何体。柯布西耶对住宅设计提出的上述思想和方法，在当时是前无古人的创新。

柯布西耶不仅提出了新的建筑观点，还提出了具体的设计方法，他认为：设计不应是自外而内，而应是自内而外，不是自立面而平面，而是自平面而立面。平面应是设计的原动力。他提倡使用钢筋混凝土，认为钢筋混凝土框架结构可以灵活分隔空间，自由开设窗户。在建筑艺术造型上，柯布西耶净化建筑形式，反对装饰，认为比例是处理建筑体量与形式的重要手法，他把阳光下形体光影变化，作为重要的构图因素。他以表现简单几何形立方体为主，作为建筑应有的"纯净的形式。"柯布西耶试图应用新技术来满足新功能和创造新形式的"新建筑"，与格罗皮乌斯、密斯所提倡的"新建筑"，再加上以赖特为代表的"有机建筑"被统称为"现代建筑"。他们4人被人们称为现代建筑的"四大元老"。

1922 年，柯布西耶为后立体派画家奥占芳设计画室住宅。柯布西耶在《走向新建筑》中，说明了他对平行线。

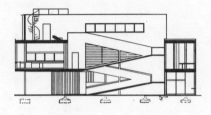

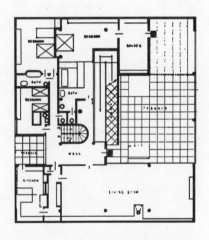

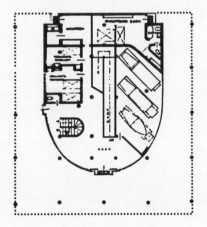

图3.3.22　萨伏伊别墅

垂直线及对角线等"指示线"的应用，用以确定一个立面的各部分比例。

在柯布西耶设计的住宅中，被认为最有代表性的是萨伏伊别墅(Villa Savoie)。图3.3.22 是一座周围有花园的独立式二层住宅，上层设计成简洁的矩形白色盒子，开着一条带形水平窗。整个上层支撑在底层独立支柱上。底层大部透空，汽车可直驶入内，楼层有斜坡道联系。由柱子组成架空部分包围着深深隐藏的入口。在二层有特大的起居室，室外是露天的屋顶花园。屋顶花园一角是半开敞的休息廊。室内坡道通向屋顶的露台和雨篷，由于采取了框架结构，各层墙体能灵活布置。立面构图体现了他所倡导的"纯洁的形式"。为了强调底层的透空感，二层墙体略挑出柱子之外。雪白墙面与带形窗的虚实对比在阳光下格外强烈。

1926年，柯布西耶把"新建筑"归结为5个特点：即底层支柱、屋顶花园、自由平面、横向长窗，自由立面。萨伏伊别墅正体现了柯布西耶的这些设计思想。萨伏伊别墅的空间布局灵活，但生硬的盒子式造型不能普遍被人接受。此外，底层透空，屋顶花园在宽阔的基地上不及在基地狭小的城市住宅中意义大。尽管它曾被指责与抨击，然而不少人仍从中获得关于"新建筑"的启示。萨伏伊别墅所表现的20年代建筑的革新精神和建筑观念被人们所称道，因而被认为是"现代建筑"的经典作品之一，并被列入法国的重点文物加以保护。

巴黎市立大学的瑞士学生招待所（Pavilion Suisse，1930—1932年，图3.3.23 ）是柯布西耶早期引人注意的公共建筑。主体楼层搁置在两根由6个大墩柱支承着的大梁上，上面的立方体与透空底层突出地表现了柯布西耶所要创造的空间效果。这幢招待所把学生宿舍这些重复的房间建在板式的建筑物中，公共部分的办公区和公共用房布置在后部一层建筑内，这种组合为以后的建筑树立了一种模式，在造型构图上，公共部分的粗石曲线墙面与大片玻璃窗形成虚与实的对比。底层自由的形式与高层部分严谨划分的格子用板式体量在对比中求得统一。

1937年，柯布西耶应巴西政府邀请，参加了里约热内卢的教育卫生部15层办公楼的设计，主持设计的巴西青年建筑师科斯塔和尼迈耶等按照柯布西耶的草图方案完成设计（1937—1943年，图3.3.24 ）。这为以后流行的几何形格子遮阳板式高层建筑创造了先例。该办公楼底部3

层透空，使道路延伸到建筑下面，建筑物没有将道路、土地与地面行人的视野隔断，柯布西耶称之谓"解放"土地。

柯布西耶青年时期游历欧洲各国时，对修道院建筑群既有单人静修小间、公共聚餐大厅，又有祈祷教堂以及活动园地，从中得到启发。他设想把上千人集中在一座高层建筑中，每家一单元两层，重叠交叉，减少交通面积，高层建筑节约的用地，用作绿化，让到处充满阳光及新鲜的空气，这就是他所追求的"光明城市"。他把这立体花园"城"方案命名为"居住单位"，并把它推荐到巴黎城市复兴规划部。第二次世界大战后的法国，正值城市重建，法国政府决定给予蜚声国际建坛的柯布西埃实践他长期夙愿的机会。1946 年，柯布西耶开始在马赛郊区建造一幢居住建筑，后来这所建筑成为影响深远的作品，这就是 1952 年建成的"马赛公寓"（"L Unite d" Habitation Marseilles，1946—1952 年，图 3.3.25）。马赛公寓是为马赛市维约港造船厂的工人战后重建家园而建设的一个大型住宅楼，其建筑规模十分巨大。它不仅是一幢居住建筑，而是像一个居住小区那样，包括了各种生活和福利设施。马赛公寓东西长 165 米、进深 24 米、高 56 米，共有 17 层（不包括地面层与屋顶花园层）。使整个郊区 1 600 个居民都住到这矩形的建筑物中。大楼第 7 层、8 层为商业服务，有食品店、蔬菜市场、药店、理发店、邮局、酒巴、银行等。第 17 层有幼儿园、托儿所，有一坡道与屋顶花园相连，屋顶花园有幼儿园活动场地。大楼公共活动也集中在屋顶，屋顶花园有一室内健身房、有茶室、日光室。有一屋顶的 300 米跑道。大楼有 15 层供居住用，设计有 23 种不同类型的居住单元，可供从未婚到拥有 8 个孩子的家庭，共 337 户使用。空间安排上每 3 层作 1 组，大多为跃层，绕每 3 层 1 个的中央通廊巧妙地解决交通问题。建筑南北对称，东西走向，以便所有楼房取得好朝向，满足了日照需要。长方形阳台立面宽高比例为 1.61，接近黄金比，大量重叠阳台均衡有序，比例和谐，柯布西耶根据黄金分割原理发明的"模数制"对尺寸进行控制，使巨大立面构图尺度宜人。

马赛公寓从 1952 年建成，到 1953 年不到 1 年的时间里，有 50 多万人前来参观，社会的好评使柯布西耶得到鼓舞。立体派画家毕加索来访，竟提出要到柯布西埃事务所学习建筑制图。得到毕加索的赞同，对早已自封为建筑界艺术界的毕加索的柯布西耶来说，更坚定了他要用这样

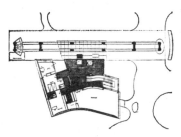

图3.3.23
巴黎市立大学瑞士学生招待所

图3.3.24　巴西教育卫生部大楼

图3.3.25　马赛公寓

的居住单位解决战后法国400万家住房问题的信心。格罗皮乌斯也由美国来参加公寓落成典礼，他如此说："柯布西埃创出崭新的建筑词汇，如果一位建筑家对这公寓不产生美感，那就及早搁笔。"然而，社会上新闻界也有人唱反调，指出这样单调的集体生活不近人情；医生说会造成精神病患者，一些公民团体甚至控告柯布西耶对风景和市容犯下损毁罪。马赛公寓从设计到完工的5年时间，政府更迭10次，由于有了城市复兴规划部长裴蒂的坚决支持，才得以最后完成。马赛公寓顺利建成后，当即被评为20世纪最杰出的建筑。柯布西耶以无限的自信及勇气，用同样方案，于1953年在法国南特城设计了第2座；1957年在柏林设计了第3座。1960年又在法国建成了第4座。

20世纪50年代，关于建筑物的一项令人注目的事是建筑物的表面构造处理。关于混凝土是一种表面平整、尺寸准确的观点在20年代使建筑界深受鼓舞，包括柯布西耶本人。但在后来这一想法逐渐被抛弃，被充分利用混凝土可塑性特点来达到新的造型的作法所代替。马赛公寓在混凝土应用上，首次把地面上的架空支柱做成上粗下细，每组双柱叉开成为梯形；混凝土构件面层停留在暴露模板木纹与接缝上，不再粉刷。模板留下粗犷节疤状和颗粒状印痕与建筑物本身的巨大体量很相称。

柯布西耶对混凝土的粗犷表现手法，适合了50年代较早出现的一种新思潮，其特点是在建筑材料上保持自然本色。砖墙，木架都以其本身质地显露朴素美感，混凝土梁、柱、墙面任其存在模板痕迹，不加粉刷，具有粗犷性格。这种艺术作风一反过去现代建筑造型的常规，使人在看厌了机器美学之后能够感受原始清新的朴素印象。一种被称为"野性主义"（Brutalism）的建筑风格出现了。

柯布西耶从萨伏伊别墅的机器美返回到"野性主义"美学的风格出现在他以后的杰作中。印度昌迪加尔的政府建筑群以及法国埃夫勒的勒·土雷特修道院（La tourett）。

在印度旁遮普邦新首府昌迪加尔市，柯布西耶被请来作这个新省会的城市规划和建筑设计师，他是印度总理尼赫鲁欣赏的建筑师，这次机会使他大显身手。他把城市划分为整齐的矩形的街区，形成一个棋盘式的道路系统，把街区分为政治中心、商业中心、工业区、文化区和居住区等5个部分。他还设计了政治中心的好几座建筑物，昌迪加尔法院是其中最先落成的1座，于1956年建成。

图3.3.26　昌迪加尔法院

昌迪加尔法院（图 3.3.26 ）入口 3 个巨大的柱墩形成一个高大的门廊，柱墩表面分别涂着绿、黄和桔红 3 种颜色。门廊两侧的正立面上满布着大尺度的垂直和水平的混凝土遮阳板，做成一个个矩形的方框，到了上部方框逐渐向外斜向伸出，与挑出的檐部相呼应。屋面由 11 个连续 V 形拱壳组成，前后挑出向上翻起，屋面下部架空处理，让空气流通，以降低室内气温，整个建筑的外表是裸露的混凝土，上面保留着模板的印痕，高大的门廊，大尺度的遮阳方框和屋面巨大的挑檐板，其尺度与构图在于创造"野性主义"气氛，使人感到其粗犷的美，室内是一高 4 层的大厅，横置着联系各层的大坡道。表面使人感到粗糙，原始一层有 1 间大审判室和 8 间小审判室，楼层布置着一些小审判室、办公室，以及对公众开放的图书馆和餐厅。

昌迪加尔法院的建筑设计手法，引起各国建筑师的广泛关注，但也遭到不少非议。也有人认为这种"野性主义"在这里表现了法院的公正和严肃。

柯布西耶在第 2 次世界大战后的所有作品最引人注意的是朗香教堂（Chpel at Ronchamp，1950—1953 年，图 3.3.27 ，28）。它一落成便立即在全世界建筑界引起轰动。

这座著名的教堂建在法国东部乎日山区古老乡村朗香的一个小山顶上，周围是山脉和河谷。小山岗上原本有一座教堂，二战中这座小教堂毁于战火。战后的局势依旧动荡不安，人们心灵渴望得到安慰，于是村民迫切要求在这风景秀丽的小山岗上重建一座教堂，人们请著名的柯布西耶设计。柯布西耶开始认为设计如此小的教堂，有所屈尊。后来又改变主意，独自一人来到这个小山岗，仔细地察看度量，作了笔记，然后设计了这座"混凝土雕塑"作品。朗香教堂落成几年之后，柯布西耶自己又去到了那里，他自己都感叹地说："可是，我是从哪儿想出这一切的呢？"也

图 3.3.27 朗香教堂

图3.3.28　朗香教堂内景

图3.3.29　朗香的遐想

许，这就是灵感，艺术创作的灵感，至今仍是难以完整阐明的问题。

柯布西耶对于自己的一般创作方法曾这样描述：

"一项任务定下来，我的习惯是把它存在脑子里，几个月一笔也不画。

人的大脑有独立性，那是一个匣子，尽可往里面大量存入和问题有关的资料信息，让其在里面游动、煨煮、发酵。

然后，到某一天，喀哒一下，内在的自然创作过程完成。你抓过1只铅笔，1根炭条，1些色笔（颜色很关键），在纸上画去，想法出来了。"

柯布西耶上述这段话，也许正说明了，灵感的产生，是在有了深厚的素养基础上，再通过对各种信息资料在脑中的酝酿，才会有灵感迸发的"喀哒一下"。

朗香教堂非常小，只能容纳百余人，如果有大量信徒来教堂，宗教活动就改在室外东面的开阔场地上进行，此时可容纳1万多人。

对于朗香教堂的形象，人们毁誉不一，概括起来，认为他优美、秀雅、高贵、典雅的人为少数，说他怪诞、新奇、神秘的较多（图3.3.29）。朗香教堂的新奇与神秘表现在它有着奇形怪状的平面，光溜溜的塔楼，外观巨大的屋顶，横向卷曲的墙面，墙面上大小小的窗口杂乱无章的分布着，形状各异，又被装上五颜六色的彩色玻璃。错落的窗洞让人无法辨认出建筑是几层。当你面对一个墙面时根本无从想象另外几个面的模样。屋顶由两层钢筋混凝土薄板组合而成，两层薄板间隔最高处达2米多。向上卷起又向外挑出，远远看去，有如一顶巨大的修道士的帽子。柯布西埃曾阐述过如此设计的功能，翻卷的屋檐和弧形的墙面有利于布道时将声音反射扩散。奇特的设计还包含着如此简单的实用功能，真是匪夷所思。站在室内，东面和南面的屋檐和墙身交接处是一道40厘米高的空隙，阳光从缝隙里透进与杂乱无章的窗口射进的阳光汇和，整个厅内显得异常的神秘。光在教堂建筑室内的应用，很容易使人联想起哥特时期的苏格以及日本近代建筑大师安藤忠雄。

在人们印象中，教堂建筑概念已经很牢固。当朗香教堂以新面貌出现时，人们往往会与过去的概念作比较，重复出现的形象，已不能唤起人们的兴奋点。而朗香教堂，它是那样地新奇，那样"离谱"，全然摆脱人们熟知的形

象，"创造性地损坏"习以为常的东西，这也适合中国的
一句成语叫做"不塞不流，不止不行"。这正是我们在文
学、艺术的创作中，最需要的创新精神。

第 4 章
当代世界建筑文化的交融

建筑学科是极为复杂的综合性学科，它不仅仅与自然科学技术相关，整个建筑史已经证明，建筑与社会文化与人们生活密切相连，它是人类文化，艺术与历史的重要组成部分。对于建筑的审美评价，即对建筑的美的欣赏，往往存在由表入里，由浅入深两个层次。建筑的视觉形态的形、光影、色彩等视觉要素首先使观赏者获得初步印象，人们赏心悦目，那么它是美的。但这仅仅为一表层的审美。这有如欣赏自然美中形式美的部分。更深入的审美体验阶段，人们不仅能欣赏建筑本身的形式美，同时还能从这些形式中感受到形象所表达的意念、传达的信息，感受到某种气氛、意境。评论者及欣赏者对建筑艺术了解和熟悉的程度，对建筑视觉语言掌握应用的程度，都不同地影响着他们对建筑美的感知能力。而感知能力又与本人特定的审美经验，审美观念以及文化艺术修养诸方面的因素不同而存在差异。

审美感知能力具有共性，这在同一时代，同一民族，同一地域表现得较为明显，这也是同一文化长期作用的结果。人类的审美观念是通过后天的审美活动逐渐发展形成的。地区文化的创新和进步的步伐，是制约和影响审美观念改变与更新的重要原因。人们的审美活动都是在前人的基础上，并受同时代人的互相影响中得以进行的。僵化的、惰性的文化，必然使这种相互间的横向和纵向的影响更加顽固和持久，这就会出现和产生审美的惰性。一旦新的文化伴随着新的生产力发展而产生，审美观念必然会迈入一个新的阶段。新的一致性又会逐渐被人们接受，形成在特定的文化背景下的相对稳定的"共性"。但"共性"也不可能是绝对一致的，地方性、民族性以及传统的文化习俗，必然会保留着区域文化影响下的不同审美倾向。

4.1　建筑文化的和而不同

1999 年，国际建协"北京宪章"这样写到：

"建筑学是地区的产物，建筑形式的意义与地方文脉相连，并成为地方文脉的诠释"。

"我们在为地方传统所鼓舞的同时，不能忘记我们的任务是创造一个和而不同的建筑环境。现代建筑的地区化，乡土建筑的现代化，殊途同归，推动世界和地区的进步和丰富多彩"（《北京宪章》3.5）。

北京宪章是在世纪之交，建筑师，教育家，规划师重新审视 20 世纪走过的历程，展望 21 世纪建筑学前进的方向，融会东西文化的庄严思考。宪章涉及到的一个重要内容就是建筑的全球化和地区化问题。世界不同地区的自然环境、地形地貌千差万别。历史人文环境也经历了不同岁月的沉淀，建筑创作总会带有其地区文化的特质。尽管科学技术是没有国界的，但文化艺术及建筑创作必将走向多元化的格局。

建筑的发展永远离不开物质技术条件，科学技术迅猛发展促进了社会经济的繁荣，丰富多彩、错综复杂的建筑文化在不断创新中相互交融导致了建筑理论的多元化倾向。人、建筑、自然环境必须有机共生，可持续发展成为人类明智的选择。

（1）当代中国建筑艺术创作之路

人们说："建筑是人类文化的纪念碑"，当代中国建筑艺术正是中国当代总体文化的反映。20 世纪二三十年代，一批在西方学习建筑设计专业的建筑师留学回国，他们学贯中西，又具备较高的文化修养，他们对中国建筑的民族形式也有较深的了解。当时的欧洲"古典复兴"正流行，"新建筑运动"还有些力不从心，西方建筑思想与中国当时的社会文化最初出现交汇，体现民族形式的创作方法成为当时的主流。

1925 年，南京中山陵设计方案竞赛，要求中明确规定采取民族形式，中外建筑师多人应选，但前 3 名全为中国建筑师，最后选定吕彦直的设计方案，并由他任陵墓建筑师。

中山陵位于江苏南京东郊紫金山南麓。1926 年 1 月动工，1929 年春主体工程完成，同年 6 月 1 日，中国伟大的革命先行者孙中山先生遗体由北京碧云寺移此安葬。陵墓占地 133 公顷，平面呈警钟形，傍山而筑，面南而立。

图4.1.1　中山陵

由南往北，依次为广场、牌坊、墓道、陵门、碑亭、平台，最后是祭堂和墓室。从墓道入口至墓室距离约700余米，共有花岗石台阶392级。

在半月形广场北面台地上树立着花岗石牌坊一座，上书"博爱"二字。进牌坊，便是缓缓升高的墓道，在拱形的陵墓门上镌有中山先生手书"天下为公"四字。再上为碑亭，其中有高8.23米，宽4.87米的石碑，上刻"中国国民党葬总理孙先生于此"。过碑亭拾级而上，是一片平台，平台正中是陵墓的主体建筑——祭堂。祭堂建筑长27.4米，宽22.5米，高26.2米。堂门三间，拱形，墙用花岗石砌筑，顶为重檐歇山蓝色琉璃瓦，建筑四角为堡垒式立方体造形，外观庄严稳重（图4.1.1）。

祭堂后面是墓室，半球状结构，墓室直径16.45米，高10米。室中为大理石墓穴，直径3.96米。长方形墓穴内，安置大理石雕刻的孙中山先生长眠卧像。遗体葬入5米深的墓穴内。

中山陵周围为陵园，总面积3 058公顷，其中林木面积2 133公顷，苍松翠柏，漫山碧绿。其间有音乐台、光化亭、流徽榭等纪念性建筑。中山陵面临开阔平原，背靠巍峨山峰，布局严整，气象雄伟。中山陵的设计由于继承了中国建筑的空间序列手法，充分发挥了环境地形优势，极具浓烈的纪念性建筑性格，中国传统的民族风格非常鲜明。

20世纪二三十年代，以中山陵、南京中央博物院（1937年，梁思成顾问、徐敬直、李惠伯设计）（图4.1.2），为代表的"民族形式"创作曾一度繁荣。这类建筑中比较著名的有：广州中山纪念堂（1928年，吕彦直设计），北京图书馆（1929年），国民党党史研究馆（1934年，杨廷宝设计），国民党中央研究院（1936年，杨廷宝设计），武汉大学（1929年—1935年，开尔斯设计），广州中山大学（1932年，林克明设计），国民党上海市政府、博物馆、图书馆（1931年，均为董大酉设计），上海江湾体育场（1934年，董大酉设计）。

20世纪的二三十年代，中国建筑学术界开始活跃，理论研究也进入前所未有的繁荣。1929年，中国营造学社在北京成立，1931年，梁思成教授、刘敦桢教授参加了学社，并分别负责法式和文献研究。几年间，整理出版了《宋营造法式》、《园冶》、《清式营造则例》等古籍。1933年，在上海组成了"中国建筑学会"和"上海建筑学会"，出版了《中国建筑》、《建筑月刊》等杂志。这些刊物都以宣传和探讨民族形式，发掘民族建筑遗产为主要内容。

新中国成立以后，1952年开始了大规模的城市建设，民族形式又有了新的发展，当时的创作思想受前苏联的影响较深，把民族风格及民族形式作为建筑的惟一标准，其特征是将宫殿、庙宇的传统样式赋予了新建筑，但建筑的规模扩大了，以适应新的功能要求。一些建筑则是在苏式的功能平面上，加上了传统的屋顶形式。钢筋混凝土在大型建筑中得到大量的应用，代替了传统的木构架结构体系。但屋顶仍为琉璃瓦，混凝土仿木梁枋上画着彩画，门窗也是仿古的手工制作，精雕细刻，这与建国伊始，经济力量薄弱的国力极不适应。1955年初这类建筑在"反对浪费"的名义中受到批判。这类建筑的代表作有：北京友谊宾馆（1952年，张镈设计）（图4.1.3），重庆人民大会堂（1952年，张嘉德设计）（图4.1.4），北京中央民族学院（1951年，张开济设计），北京三里河"四部一会"大楼组群（1952年，张开济设计）等（图4.1.5）。

50年代后期至60年代，在学习前苏联的"民族形式"理论指导下产生的"复古主义"建筑受到批判后，创作处于低潮，西方的现代建筑理论也没有能进入国门。生产力落后的农业大国，经济实力严重地制约了建筑活动的进行。"节约造价"成为一切建筑创作的首要前提，"在可能的条件下注意美观"的口号，指导着一切建筑创作。

1959年的国庆工程，成为中国近代建筑史上的新的里程碑。有幸参与北京"十大建筑"设计的建筑师，在"注意美观"的原则指导下，建筑艺术的强大生命力得以焕发，国庆工程的民族形式比以前的建筑都有所突破。

建筑师对大型公共建筑如何体现民族形式作了有益的探索。这些建筑体现了当时中国建筑艺术的最高水平，其构图和空间处理手法都比较成功，有些在今天看来，仍不失为可资借鉴的典范。

图4.1.2　南京中央博物馆

图4.1.3　友谊宾馆

图4.1.4　重庆人民大会堂

图4.1.5　四部一会大楼

图4.1.6　民族文化宫

十大建筑中的人民大会堂（赵冬日主持），中国历史博物馆和中国革命博物馆（张开济主持），民族文化宫（张鎛主持）（图4.1.6），北京火车站（陈登鳌主持），中国美术馆（戴念慈主持），农业展览馆（陈登鳌主持）等建筑，都表现了建筑师在"创造新的民族形式"的主导思想指导下，对于建筑艺术价值的追求。当时的建筑方案是政府在众多的方案中选出若干比较满意的，再委托一个单位加以综合，建筑师个人的创作构思受到一定的局限。

60年代初期和中期，在南方城市广州，一批建筑师（佘稷南、黄远强、莫伯治、郑祖良、莫俊英等）设计了一批在全国很有影响的建筑，如友谊剧场、烈士陵园、白云山庄、泮溪酒家、矿泉客舍等。这些建筑发扬了中国园林艺术的自然式布局特色，造型轻巧通透，色调明快，空间灵活，富于变化，把人工与自然、室内室外、造型与装饰有机地结合，使园林建筑艺术的环境又展现了其应有的审美价值。

60年代中期至70年代末，毁灭知识的大动乱席卷全国。10年间，庸俗艺术被奉为"革命经典"。象征"突出政治"观念的建筑物，成为城市标志性建筑。建筑不再讲究"适用、经济"，要绝对强调其精神功能，设计及工程施工中"在可能的条件下"尽量加大保险系数，以求"政治保险"。雕像挥起的手臂，大型型钢密密匝匝，连混凝土也无法往里浇灌。"红太阳展览馆"平面要呈"忠"字形，长沙火车站屋顶象征"革命"的火炬，不知吹动火炬的风应来自何方，最后只能让它在"无风"的环境中垂直向上"熊熊燃烧"。"数"不再是形式美中的含义，重要纪念日的年月日成为形体大小高低的尺寸。郑州"二七"纪念塔就是"二座、七层"。此时的建筑大相仿照，抄袭北京十大建筑，故也都具有"民族形式"。

进入80年代，中国改革开放的洪流锐不可挡，社会经济空前繁荣，科技、教育获得巨大的发展，社会文化思想异常活跃，建筑艺术创作走上了一条健康的发展道路。世界建筑艺术丰富多彩的理论与实践成为全人类共同的财富，世界建筑文化在共生和交融中朝着多元化的方向发展。

20世纪最后10多年，全国各大、中、小城市被人笑称为"一个个大工地"，高楼大厦以"深圳速度"鳞次栉比地拔地而起，几年不见，已面目全非。可以归之为建筑艺术的作品也不少，但也不乏设计低劣的庞然大物。一些借鉴西方当代现代建筑理论和手法中的合理成分，扬弃西方现代主义重物性，轻人性的冷漠，耐心了解西方后现代主义的虚矫和渲泄，从中国国情出发，尊重中国人含蓄的审美情趣，紧密结合区域性自然条件，风土人情的优秀作品得以诞生。建筑师在赋予作品时代感的同时，对传统形式加以变形简化，让人们感到它的似曾相识而又是那样新奇陌生。

由著名美国华裔建筑师贝聿明在北京设计的香山饭店（图4.1.7），吸收了中国庭院组合形式，以灰白色的民居色调为主，造型亲切，颇具民族味。北京菊儿胡同四合院（图4.1.8）把现代生活需要注入传统的四合院，形式清新简朴，白墙青瓦与传统四合院环境协调。南京雨花台烈士纪念馆（图4.1.9）把传统形式加以简化，单纯简练，具有现代感，庄重对称的体型，使建筑富于纪念性。福建武夷山庄（图4.1.10），将自然景物引入建筑群内，溪桥流泉，回廊四合，建筑高低错落，构成南方民居的田园风光。黄山云谷山庄宾馆（图4.1.11），布局为传统园林组合方式，保留原自然环境的山、水、树木，"自成天然之趣"，建筑造型体现了皖南民居风貌，新疆吐鲁番宾馆（图4.1.12），平面与构图吸取维吾尔族传统民居做法，左右两翼作退台处理，墙面开有园拱窗，与当地民居相应。建筑形体简洁，节奏明快，中心塔楼突出视觉中心，整体形象让人感觉到维吾尔族村落的民族意味。福建长乐"海之梦"（图4.1.13），一个建在小岛上的游览建筑形体以具象象征方式，把一个垂直高耸的"螺"形塔与一个水平伸展的"蚌"形厅组合在一起，其形态有如海洋的变迁后，留在礁石上螺与蚌，恍若梦幻中奇遇的景观。四川广汉三星堆出土了大量殷商时代文物，三星堆博物馆整体呈螺旋状，古朴厚重，色彩单纯沉着，建筑简洁的形象，让人感受到历史的久远（图4.1.14）。上海博物馆（图4.1.15），地处上海市中心，面对道路和广场以宽平的体量，宜人的尺度与开阔的广场和人流协调。博物馆下方上园，寓意天园地方。方形呈二级台座状，好似基座，四向高耸拱门，丰富了建筑轮廓，拱门缝中破开二层方形块体，使建筑整体没有了厚重感。

这些例子并未能代表近20年来的建筑成果，但这些建筑充溢着本土文化的气息，建筑师立足于本地区，借助当地的环境因素，强调与地方性文化的关联，顺应乡土文化的环境特征，精心营造了乡土文化的环境氛围。建筑师

图 4.1.7　香山饭店

图 4.1.8　菊儿胡同新四合院住宅

图 4.1.9　南京雨花台烈士纪念馆

图 4.1.10　福建武夷山庄

图 4.1.11　黄山云谷山庄宾馆

图4.1.12　吐鲁番宾馆

图4.1.13　海之梦

图4.1.14　四川广汉三星堆博物馆

图4.1.15　上海博物馆

图4.1.16　建国饭店

没有简单地模仿地方建筑的处理手法与布局形式,而是在作品中寻找与当地气候特点、风土人情相适应与历史记忆相吻合的创作手法,客观上适应了人们的审美习惯,很容易取得人们的认同。

20世纪的80年代,开放的中国开始大量迎接来自四方的宾朋,旅馆建筑为时代所急需,以北京香山饭店(1979—1982年)首开先河,四所不同的旅馆建筑,给长期与世界隔绝的中国建筑界吹进一股新风,建筑界在继50年代"一边倒"学苏联后,开始亲眼看外国建筑师的作品。北京建国饭店([美]陈宣远,1980—1982年建成),南京金陵饭店(香港巴马丹拿公司,1980—1983年建成),北京长城饭店([美]培盖特国际建筑师事务所,1979—1983年建成)。中外建筑文化开始了交流的第一个新浪潮(图4.1.16,17,18)。

(2)**超越传统,创造未来**

建筑创作是以一定的物质技术条件为依托的,当70年代末,国内开始引进外国设计的阶段,在香山饭店、金陵饭店等建筑的建设中,外国建筑师设计作品的实现所需要的充足的投资,让我们吃惊不小。国家有贫富,技术有高低,即便是常见的外墙涂料,每平方米也可相差几十倍。当一些建筑师为业主"廿年不落后"的要求,盲目抄袭西方建筑的构造作法时,投资的局限,低档材料的滥竽充数,会让"廿年不落后"的建筑两年后成为"古迹"。其实任何材料都能创造好的作品,盲目模仿的攀比,其结果往往适得其反。当我们赞美香山饭店古色古香的江南民居的风格意境时,你可曾知道,墙面上一块块青砖是人工手工打磨的合缝。

新时期以来,大胆吸收和借鉴外国的建筑文化成果,外国建筑师的作品在国内经济发达的地区相继出现,这有利于提高现代中国建筑水平。西方建筑师将继续在中国建造他们的作品,中国建筑师也将在与外国建筑文化的交流融合中,创造出优秀的作品。一些国外建筑师作品中与自然环境及人文环境的不协调,人们在眼花缭乱之后逐渐有了清醒判断。值得忧虑的不应是现有的差距,而是中国建筑师的自我迷失,一味的胡抄乱学,才会最后丧失自己的市场。

法国作家福楼拜(1821—1880年)说:"越往前进,艺术越要科学化,同时科学也要艺术化,两者从基底分手,回头又在塔尖结合"。科学技术的落后带来的差距,会

随科学技术的进步逐渐缩小，只有科学技术与艺术的同步
发展，才会最终达到技术与艺术的有机结合，提高建筑创
作质量，创造出符合时代精神的建筑艺术作品。

　　1981年，国际现代建筑协会在华沙宣言中提出："当
今世界丰富多彩，人们的生活水准和生活状况各不相同，
他们生活在各种各样的地理环境中，气候、社会经济体
制、文化背景、生活习惯和价值观念都不一样。因此，他
们进一步发展的方式也理应不同。人居环境规划必须充分
尊重地方文化和社会需要，寻求人的生活质量的提高"。
中国建筑师在面对遍及大江南北的"欧陆风"、"法国式广
场"的潮流中，如何面对未来，走自己的路呢？吴良镛教
授提出的"乡土建筑现代化，现代建筑地区化"，是多元
共存的可持续发展的积极思考。

　　优秀的建筑和它构成的艺术环境，其艺术感染力的
作用是不能低估的，作为历史上长期得到公众认可的艺术
创造，它是历史文化及价值观，伦理观的缩影。如果仅把
传统建筑归结为几大外显的特征，任何人都不可能百看不
厌。而传统建筑艺术表达的"意境"，建筑在环境中的作
用，环境对建筑的烘托，才是传统建筑文化最本质的东
西，也是其美学精神所在。

　　过去谈到建筑传统，总为了"形似"还是"神似"争
论不休。"形似"的继承，前些日子在"夺回古都风貌"中
见得不少，"神似"有人找到了"堪舆风水"。要把科学技
术落后的古代的物质和文化全盘照搬怎么能在科学技术高
度发展的今天立足呢？继承传统建筑文化是继承其基本原
则和基本理论中科学、合理的精华部分，结合当今科学技
术的发展，进行再创造。当然，出现一些把传统形式加以
简化、变型的"硬件"特征，有可能增添建筑的"民族性"，
在少量特殊的建筑物上出现，会有其特殊的审美意义。
"神似"从何而来？那就得在传统文化中去探寻。古代建
筑艺术理论太少，但在古代的诗、词、歌、赋，古代哲学，
古代美学思想，传统的书法绘画理论中，我们能找到传统
建筑的"神韵"。

　　1977年12月，一些建筑师、教育家和规划师聚集于
利马，提出了"马丘比丘宪章"，其中这样写道："应当认
识到虽然地方色彩的建筑物对建筑设计想象是有很大贡献
的，但不应当模仿。模仿在今天虽然很时髦，却像复制帕
提农神庙一样的无聊。问题是同模仿截然不同的。很清
楚，只有当一个建筑设计能与人们的习惯、风格自然地融

图4.1.17　金陵饭店

图4.1.18　长城饭店

合在一起的时候,这个建筑设计才能对文化产生最大的影响。要做到这样的融合必须摆脱一切老框框,诸如维特鲁威柱式或巴黎美术学院传统以及勒·柯布西耶的5条设计原理"。

中国建筑美学思想除了重视建筑个体的营造外,还存在对于"境界"的追求,用心关照建筑与环境的关系。追求"境界"就是讲究人境交融,与物同化的意味深远的建筑美。乡土建筑,山水园林成为了人们追寻"境界"的好去处,不同的民族、不同地区,人们在适应自然,与自然界长期的抗争中,营造了自己的居住环境。环境得到了应有的尊重和利用,建构了人与自然的有机整体。

1999年,北京国际建协第20届大会通过的吴良镛教授负责起草的"北京宪章",宪章强调对于21世纪的建筑学,可以从多方面展望与探索,但其核心思想乃是走向"广义建筑学",塑造可持续发展的优美的"人居环境","北京宪章"提出:

"广义建筑学,就其学科内涵来说,是通过城市设计的核心作用,从观念上和理论基础上把建筑、地景和城市规划学科的精髓整合为一体,将我们关注的焦点从建筑单体、结构最终转换到建筑环境上来。如果说,过去主要局限于一些先驱者,那么现在则已涉及到整个建筑领域。"

4.2　西方建筑美学思想的当代发展

建筑单体作为建筑艺术的载体,历来备受推崇,建筑审美往往也以典型的单体建筑作为对象。在西方建筑史中,建筑,典型的艺术创造随着名声赫赫的大师的出现而产生。大师们因"有为"而"有位"(大师的名位),因"有位"而更加"有为"(设计更多的作品)。西方社会历来有着推崇典型的社会氛围,有着创造典型的建筑教育。在教育与文化的驱动下,近现代的欧美,建筑理论自然也成为西方哲学与文化思潮在建筑领域的反映,各种风格与流派争相上下,辗转变迁。发达国家相对雄厚的经济与科技的实力,也为西方建筑师提供了宽松的创作条件,充足的资金,丰富的材料及先进的设备。进入20世纪60年代,西方建筑审美观念发生了变化,一统天下的国际式风格日趋势微,新风格又不能一统天下,"多元化"应运而生,异采纷呈。

4.2.1 现代建筑作品成为一种传统

20世纪50年代后,西方社会在文学、绘画和音乐上展示自己的个性的倾向影响到了建筑创作,一座伟大的建筑物成为建筑师个性的纪念碑。以包豪斯为中心的现代建筑运动之后发展起来的各种派别,仍然是现代建筑的继续和补充。现代建筑传统的大河,出现了许多分支,受到手法化,受到丰富,受到地方化,并与其他地域性的传统交融。传统的发展和继承,并不是早期风格的单线轨迹的延伸,它是在吸收早期答案后面的各种原理并把它们转换为适应时代社会文化科学技术,审美心理变化后的实际。只有那些吸收传统文化精神,而不是摹仿其风格的人,才能创造出深刻的作品。

美国"费城学派"的创始者,被称为赖特以后的美国著名的建筑家路易斯·康(Louis Kahn,1901—1974年),出生于波罗的海的爱沙尼亚,1906年全家移居美国费城。1924年毕业于宾夕法尼亚大学后,在费城几家建筑事务所当助手,1947年自己开业。50年代在耶鲁大学和宾夕法尼亚大学建筑专业任教。路易斯·康在理查德医学试验楼(1957—1964年,费城,图4.2.1)设计中,摆脱一般的流行作法,把楼梯、电梯、设备管线从主要空间——实验室、办公室分离出来,独立形成几座竖塔。简洁的、相对封闭的塔楼冲出屋面,与实验室大面积的窗户形成强烈的虚实对比,形体上的高低错落,丰富了光影变化和轮廓线,立面上取得了前所未见的外观形象,突破了一般现代建筑常见的体形简单缺少变化的做法。

路易斯·康先后设计的加州沙勒克科学研究楼,孟加拉达卡议会建筑(图4.2.2),耶鲁英国艺术展览中心等,都富于创新精神。他的建筑学定义是:"有主见的空间创造"。他认为超过30米的跨度就会影响空间范围概念,就需要支柱的分隔来加强空间感。他不同意芝加哥学派"形式服从功能"的学说,提出"形式引起功能"的观点,强调形式在建筑创作中的主要地位。

与柯布西耶、赖特大师相比,康著述较少,但他课堂上留下许多富有哲理的言论。路易斯·康把建筑创作视为是形式美的创造,他竭力提高"形式"的地位,其实就是抬高建筑的地位,他创始的"费城学派",相对美国历史上"芝加哥学派"而言,虽然创作数量有限,但在60年代曾轰动了建筑界,影响了一批建筑师。他的思想吸引了

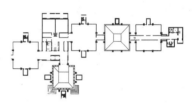

图4.2.1 理查德医学试验楼

图4.2.2 孟加拉议会建筑

许多建筑与艺术的学生。其信徒文丘里成为"后现代主义建筑"的代表人物。路易斯·康对现代建筑的发展，起到了承上启下的作用。

路易斯·康梗直而无畏，同时也是一个自负、执拗、专制的人。他做设计不爱听取别人的劝说，其他建筑师很难与他合作。他在大学执教时，学生也对他敬畏三分，但他的教学是十分出色的，在改图和评图时，学生常常围着他聆听那富有哲理的即席讲评。他经常从音乐家莫扎特，诗人歌德等人的作品中汲取养料。他充满激情地说："对那些低能的建筑师来说，建筑不过是挣钱的来源。而不像它所应该的那样——创造美感和艺术。对我来说，建筑不是事务，而是我的宗教，我的信仰，我为人类幸福、享乐而为之献身的事业。"

50年代末，突破"形式服从功能"的现代主义建筑信条的优秀建筑作品，当以丹麦建筑师伍重（John Utzon，1918 —）设计的悉尼歌剧院。歌剧院从设计方案竞赛到施工竣工长达17年，犹如埃菲尔铁塔象征巴黎那样，悉尼歌剧院已经成为悉尼的象征（图4.2.3）。

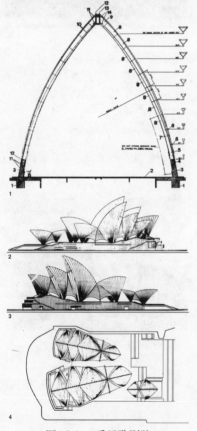

图4.2.3　悉尼歌剧院

悉尼是澳大利亚第一大城市，它濒临大海，湛蓝的海水把城市分成南北两部分，形成一个天然港湾，横贯海湾是一座两公里半的大铁桥。海湾北面有一片伸入海中的陆地，名叫班尼朗岬，三面环水，一面与陆地相连。班尼朗岬面临的海湾是悉尼港，是世界各国的轮船必经的航道。悉尼歌剧院座落在班尼朗岬上，它仿佛一座白色的雕塑，10对巨形壳片形若海滩上洁白的贝壳，又如大海上迎风扬起的白帆，在蓝天碧波的映照下优美动人，富有诗意。

1956年，澳大利亚总理凯希尔应好朋友交响乐团总指挥古申斯的要求，建一座演奏大厅。凯希尔总理以政府形式出面筹建悉尼歌剧院，院址就选在三面环海的班尼朗岬上，并为此举行世界范围内的设计方案竞赛，方案由评选委员会评审选出。美国著名建筑师沙里宁也是评审委员会成员，但他因故来迟，初评已告一段落。在有30个国家参与送交的223个方案中有10个候选方案通过初审。沙里宁对这10个方案都不太满意，又把已淘汰掉的方案重新审阅，他选中了伍重的方案，一张示意性草图。

37 岁的伍重为了在竞赛中标新立异，他把脑中帆船的意念用铅笔勾勒出，临近交卷，也没有时间绘制正规的方案设计图。无巧不成书，伍重碰到了偏爱空间结构，作品轻盈豪放的沙里宁。沙里宁预言伍重的构思将造就一件非凡的杰作，并力排众议，说服其他评委，选出了这个杰出但抽象的意念为首奖。

伍重方案令人着迷的空间形式在实施时遇到了极大的困难，原先粗估的壳顶厚 10 厘米，底部厚 50 厘米的巨大薄壳根本无法实现。伍重求助于世界著名的结构权威——丹麦著名工程师阿鲁普。阿鲁普也认为这群薄壳无法建造。伍重的方案原来就有不少争议，这时受到的压力更大，不少人建议另选方案。凯希尔总理非常支持伍重，命令先修建基座部分，留时间给伍重他们寻找完成壳体的方法。1963 年，基座部分完工。

在基座施工的 6 年间，伍重和阿鲁普在前 3 年设想了各种薄壳，做了各种模型试验，结果全部失败。阿鲁普束手无策，一筹莫展，最后不得不放弃单纯的薄壳思路。在后 3 年中，他采用预制双曲肋架混凝土肋拼接的三角瓣壳体，经过无数次的计算和实验，终于获得了成功。

歌剧院工程反复曲折，工期、造价屡受指责，再加上政府的人事更替，由澳大利亚政府委托当地建筑师最后完成。悉尼歌剧院从方案选定到落成历时 17 年（1956—1973年），工程造价从原来预算的 700 多万美元，一再追加，直至最终的 1.2 亿美元，比原预算增加了 14 倍。

悉尼歌剧院占地 1.8 公顷，花岗石基座距海面 19 米，最高壳顶距海面 67 米，总建筑面积 88 000 平方米，有一个 2 700 座的音乐厅，一个 1 550 座的歌剧院，一个 420座的小剧场。此外，还有展览厅、餐厅、酒巴、录音室等大小房间 900 多个，实际上是一座可满足各种需要的文化中心。

悉尼歌剧院 8 个大薄壳分成两组，每组 4 个分别覆盖两个大厅，两组壳体对称互靠。另外两个小壳置于小餐厅上。尽管这些薄壳大小高低各不相同，实际上都是直径为 74 米球面三角瓣标准壳形拼接而成的。壳面是瑞典生产的面砖饰面。10 对白色薄壳在蓝天与碧海间闪闪发光。

悉尼歌剧院巨大的壳片不是功能需要的，也不是结构决定的，它是建筑师追求雕塑感、象征意念的奇异作品。建成后的歌剧院得到的评价也毁誉参半，有人说它是极端荒唐的东西，是异想天开，玩弄技巧，哗众取宠，是搁浅的鲸鱼，桔皮的裂瓣，豪无美感可言。有些人则认为，悉尼歌剧院是绝世之作，它所体现的创新精神是不能用一般标准来衡量的。它有着东、西、南、北、上5个优雅的构图，它是"功能决定形式"的观众厅高耸的后台那种方方正正，沉重封闭、单调沉闷的传统体量无法比拟的。无论评论界如何评判悉尼歌剧院，它已经成为悉尼市的象征，构成了悉尼海湾崭新的景观，那神采飞扬的片片"白帆"吸引了世界各地众多的慕名而来的游客。

1978年，英国皇家建筑师学会授予伍重金质奖章，表彰他杰出的创造。伍重感慨地说，是奖章治愈了他"悉尼悲剧"的创伤。

图4.2.4　杰弗逊纪念拱门

发现伍重，并让伍重获得荣誉和"创伤"的美国建筑师沙里宁（Eero Saarinen，1910—1961年），其自身就是一位成功的建筑造型艺术家。沙里宁出生在一个建筑师家庭，1923年全家赴美定居。沙里宁子承父业，他于1949年所作的圣路易市杰弗逊纪念拱门，获竞赛方案头奖，1967年建成（图4.2.4）。拱门高度及跨度均为190多米，钢结构拱门表面为不锈钢板，简洁轻盈，其现代化的造型反映出设计者创新的气概和激情。

图4.2.5　杜勒斯机场候机楼

沙里宁于1958年设计，1962年完工交付使用的华盛顿市杜勒斯国际机场候机楼（图4.2.5），是现代机场建筑的典范，成为建筑史上的又一创新。沙里宁在设计中运用象征手法，把一个强有力的形式，置于郊外空旷的天地之间，动态的柱子、翘曲的屋顶，仿佛就要腾空而起。

候机楼平面为一方整的矩形，长182.5米，宽45.6米，屋顶是悬索结构，由两排柱子支承。正面柱子高19.8米，停车坪一面是12.2米悬索呈曲线状，上铺预制钢筋混凝土板。钢筋混凝土柱向外倾斜，以平衡钢索拉力，但沙里宁有意夸大了斜度，屋檐也向上翻起赋予建筑一种动态向上的感觉。所有构件尺度很大，与简洁的体型相协调，宏伟、舒展，产生十分生动的艺术效果。沙里宁51岁早逝，他的艺术才华没有得到更多的展示。

在科学技术高度发展的当代社会，追求高技术的倾向成为一种风格。这类建筑突破传统形式美的局限，在构件的暴露、重复中挖掘美感，反映了技术上的美学观念。有人把这类建筑称之为"晚期现代建筑"，它是现代建筑追求技术美学的延续，它重视艺术构思的逻辑性，以及形式生成的合理性，成为了现代建筑传统向前发展的一个分支。

　　高技术派比较典型的代表作如 1977 年建成的巴黎蓬皮杜艺术与文化中心（图 4.2.6 ）。巴黎是个历史文化名城，拥有许多艺术博物馆，著名的卢浮宫就是其中之一，博物馆收藏了许多艺术珍品。博物馆很多都是古建

筑，缺乏陈列的灵活性，对于现代生活中所要求的多层次，多种类的文化交流的适应性更差。60 年代初法国文化部长马尔罗建议建立一座 20 世纪的大博物馆，他力邀著名建筑师柯布西埃进行设计，当时柯布西耶认为馆址应在市中心，而不应在巴黎偏僻的西郊，谢绝了邀请。

　　1969 年，巴黎市中心拆毁了一片老商场，蓬皮杜总统决定将原打算建的图书馆扩大建成一座文化艺术中心。计划建成后的艺术中心要包括艺术作品展、电影、音乐、戏剧等视听艺术活动，要有完善的服务设施，每天能容纳 10 000 人参加各项活动。

图 4.2.6　蓬皮杜艺术与文化中心

　　艺术文化中心向世界各国的建筑师征求设计方案，并聘请了美国建筑师约翰逊，丹麦建筑师伍重，巴西建筑师尼迈也尔等作为评选专家，以法国建筑师担任评选主任。设计竞赛收到来自 49 个国家的 491 个方案，结果意大利建筑师皮亚诺（Renzo Piano,1937 —）和英国建筑师罗杰斯（Richard Rogers,1933 —）联合设计的方案中选。他们邀请悉尼歌剧院结构设计的权威——阿普鲁一起合作，工程历时 5 年，1977 年元月完成。

　　1977 年元月，在巴黎这个幽雅的城市中，蓬皮杜艺术中心诞生了。面对这个建筑，持"建筑是凝固的音乐"、"建筑是永恒的美"等传统观点的人无不张口结舌。有人讥笑它不伦不类，简直是场"文化猴戏"。有人则挖苦说："像条碰巧驶到巴黎的邮船"。难怪巴黎人会疯狂，这座艺术文化中心不是他们心目中的文化建筑的模样，与典雅风格的博物馆更是大相径庭，它是"炼油厂"、"宇宙飞行器的发射架"。

　　巴黎人对于建筑美的认识是有着传统审美习惯的。从 19 世纪末到 20 世纪 80 年代，先后几个建筑让巴黎人震动。1889 年，埃菲尔铁塔为纪念法国大革命 100 周年而建，文化界多少大师巨匠诅咒过这座塔，几乎扼杀它于建造之前，又几乎拆除它于建造之后。巴黎人的强烈反对，铁塔被移至郊区兴建，但今天却成为人们心目中巴黎的象

征之一。70年代的蓬皮杜艺术文化中心以及80年代贝聿铭设计的卢浮宫玻璃金字塔，几乎都遭受到同样的命运，但都成为巴黎的新象征。

蓬皮杜艺术文化中心由4个部分组成：一个是面积为10 000平方米的图书馆，一个是18 000平方米的现代艺术博物馆，一个是4 000平方米的工艺美术设计中心，一个是5 000平方米的音乐和声学研究中心。加上其他部分，建筑总面积103 300平方米。除音乐和声学研究中心外，其他3个部分都集中在高42米，宽48米，长166米的矩形6层大楼里。大楼采用预制装配，钢结构梁柱由德国经铁路运进。大厅内无支柱，四周是玻璃幕墙。为强调空间的完整性，把水、电、空调等设备管道，电梯、自动扶梯都移至室外朝向广场的立面。自动扶梯被置于透明的玻璃圆管中，曲折向上。室内的大空间天花板面布满了设备管线，无论是门与窗、隔墙都是可以拆卸的，甚至连卫生间也是可移动的。

图4.2.7　曼尼尔博物馆

图4.2.8　特吉巴奥文化中心

设计者之一的罗杰斯说："我们把建筑看成是人在其中应该按自己的方式干自己事情的自由的地方"。"建筑应当设计得能让人在室内和室外都能自由地活动，自由和变动的情况就是房屋的艺术表现"。

蓬皮杜艺术文化中心确是标新立异之作，它与巴黎古老的建筑群格格不入，因而受到部分人的强烈反对。设计者以勇气和智慧打破了旧有建筑框框，作为一种尝试在技术上和艺术上都有所创新。如果说它只为了哗众取宠，不考虑建筑功能，那就有失公正了。蓬皮杜艺术文化中心确实存在显而易见的不足，它"灵活"得过了头，在其每层7米的层高下，对演出而言低了，对其他功能要求又嫌太高。其五颜六色的管道过分突出，对博物馆的展品造成干扰，喧宾夺主。

蓬皮杜艺术中心的设计人

之一的皮亚诺，从80年代已开始重视高科技与传统文化与环境的结合。他在美国休斯顿设计的曼尼尔博物馆，色彩与尺度上保持了与周围民居的和谐（图4.2.7）。皮亚诺在新卡里多尼亚设计的特吉巴奥文化中心，用不锈钢与木材组合，再现当地传统的木肋结构蓬屋的特色（图4.2.8）。

香港汇丰银行大厦（图4.2.9）也是高科技派代表作，建筑师是英国人福斯特（Norman Foster, 1935—）。1979年，福斯特事务所接手汇丰银行新厦的设计任务，推出许多方案，最后选定现在方案，大厦位于香港中环中心。1935年修建的汇丰银行大楼，1981年夏天被拆除，在原址上修建新楼。汇丰银行大厦总建筑面积99 170平方米，地下4层，地上48层，高178.8米。汇丰银行为了未来50年的业务发展需要，将原有完好的大楼拆去，使建筑费用高达52亿港元，每平方米造价达港币5万余元。

图4.2.9　汇丰银行大厦

大厦从8组柱子上凌空架起，把土地还给市民。分别位于两端排列成两行的8组钢柱架，支撑着分别位于11，21，28，35，47层的悬吊桥式结构。每组柱架用4根粗钢管组合而成，每节为1层高，在英国制造，现场连接。T形的桥式结构高2层，分别悬吊分为竖向几段的楼面荷载，T形一端是交通和服务设施房间，平衡着双钢管柱架另一侧的楼面荷载。悬吊结构所在的5个区段作为大厦消防避难层使用。大厦平面为矩形，长向30.5米，中间无支柱，取得了灵活布置的大空间。大厦纵向根据香港当局有关建筑物退缩的规定，南部30层，中间43层，北部35层。

汇丰银行大厦结构骨架在外观上清晰可见。它立面上的每一个桁架，每一个斜撑，每一个杆件，都负载着巨大的重量。从这些杆件及分块上，看到了力的传递，力的走向。在周围传统建筑的熟悉面孔中，它充满了活力，无论从那个方向观看，都会感受到它强健的勃勃生机。

大厦建筑构件全部预制，楼盖为轻质钢筋混凝土板，墙体为箱式防火不锈钢板，内有空洞管道，电气线路及给排水管道，日本制造，在现场就位拼接。考虑到办公室使用的灵活性，空调管道、风口，电气线路在楼面上敷设，上面架空铺设铝合金活动地板，地板每块2.1平方米，自重仅20千克，四角用立柱支撑。根据办公室布置及设备的需要，揭开活动地板，调整空调系统的送回风口及接线盒。办公室有完善的室内设计，按银行的工作性质分为26项，安排在18个工作点。经研究世界150种不同类型的家具组合后，设计出一种可按不同用途作多种拼装搭配的办公家具组合，包括 4 000 张桌子，5 000 张椅子。

汇丰银行大厦底层的穿堂与上面中庭隔着一层玻璃，玻璃架在微挠的桁架上。搭上8字叉开的自动扶梯，钻出玻璃即可到达 10 层高的中庭。中庭两端是巨柱桁架，桁架的横向、纵向拉连着巨大的十字杆件。桁架后上下着玻璃电梯，电梯井内的仪器，控制板隐约可见。仰头望去，中庭顶部是二组倾斜的反射光装置，光影在反射片缝中摇曳。天井四周是敞开的楼层，楼层外窗从楼面到天花开足了玻璃，没有阻断，没有隔墙，眼光越过十几米的楼面，可以看到中环和海港。

中庭到处表现着结构和技术，柱梁交错纵横，灯具依附着结构表面，每个细部都是经过仔细推敲。开敞的办公室布置着隔板，所有的家具、柜面、坐椅都是密实的板面，涂着发光的黑漆。结构包裹着灰色的胶板，到处的冷冷的，只有员工服饰及桌面的文具发出一点点艳丽色彩。整幢大楼是实实在在的充满自信的技术表演（图4.2.10，11）。

高技术派物化了一个时期的思想和技术，体现了当代文化艺术的先进性、多元性及与现代科技的巨大成就。他们把结构和设备放在重要地位加以突出和颂扬，并把它作为建筑的装饰。暴露的结构构件不是"空架子"它们在"紧张地"传递着荷载。

90 年代福斯特主持设计了柏林国会大厦玻璃穹顶（图4.2.12，13）及瑞士再保险公司伦敦总部（图4.2.14 ）等高技派作品。

现代建筑从来也不是像它的推进者或批评者所声称那样"就此一家，别无分店"，它始终是一种容纳多种风格，组合许久细流的发展过程。即使是像现代主义建筑旗手的柯布西耶，也会一反他在《走向新建筑》中倡导的理性主义观点，设计了朗香教堂这类被称为"野性主义"的

图4.2.10，11 汇丰银行大厦内景

图4.2.12 柏林国会大厦

建筑。朗香教堂的成功，在于柯布西耶使它带有法国南部地中海乡土建筑的某些特色并且融入了现代神秘主义的情调。

70 年代末，在美国建筑史上出现了"贝聿铭年"。一些人称贝聿铭为"最后一位现代主义大师"。　贝聿铭（Ieon Ming Pei,1917 —）生于中国，童年时代是在南方古老美丽的苏州度过的，1935 年赴美。40 年代他在哈佛大学学习时，曾经得到包豪斯大师格罗皮乌斯教授的指导。贝聿铭认为包豪斯早期毕业生，当时在哈佛任教的布劳也尔（Marcel Breuer）对他影响极大，他回忆说："特别是他对光、质感、太阳和阴影的兴趣"，给青年时代的贝聿铭留下深刻的印象。贝聿铭还把最高的赞誉奉献给受"后现代主义建筑"探索者崇拜的美国大师——路易斯·康。

华盛顿国立美术馆东馆（图4.2.15 ），1968—1978年，在贝聿铭事务所主持下设计、建成。它座落在一块梯形用地上，南临国会大厦前的林荫广场，北为宾州大道。西面是 1941 年，由波普设计建成的国立美术馆，东面是 3 号街可望见国会大厦。 早在1937年，国会就决定把这块地皮留作美术馆扩建用地。美术馆占地3.6 公顷，总建筑面积 5 600 平方米。投资 9 500 万美元，每平方米造价高达 1 600 美元。资金全部由国家美术馆董事会，匹茨堡钢铁大王梅隆家族及基金会提供，并把设计任务交给了贝聿铭事务所。

东馆必须提供新的展览空间并为新成立的视觉艺术高级研究中心提供面积。由于它有这两面的任务，贝聿铭将这块梯形地一分为二，形成一个等腰三角形和一个较小的直角三角形，前者是展览馆，后者是研究中心。宾州大道与林荫广场边形成的20度夹角，成为设计的母题基调。既存的街道平面布局，成为对建筑师最主要和最基本的挑战。一些评论家称赞建成后的东馆是很巧妙解决问题的设计，符合这个特殊地段各方面的所有要求，提供了最大数量的有用空间，天衣无缝地裁剪了这块令人难以下手的梯形地皮。也有人批评："建筑师对这块令人作难的地盘的反应，是一种'膨胀了的文脉主义'"。有人说，基地形状令人讨厌的"角"被强调得有点过分，并且对东馆作为一个博物馆和研究中心的功能造成了损害。

东馆正面是等腰三角形的底边，入口是一个只有3米高而且装饰粗糙简单的门厅，过了门厅后就进入 24 米高

图4.2.13　柏林国会大厦玻璃穹顶

图4.2.14　瑞士再保险公司伦敦总部

的中央大厅,大厅顶为一个1 500平方米的巨大的等腰三角形玻璃采光顶,将东馆两个部分连接起来。采光顶由25个,每个60平方米的三棱锥天窗组成,自然光直泻内部,无穷多的几何图案的重复和变幻叫人目不暇接,在墙面、地面上形成丰富多变美丽动人的图案。大厅内布置了花木植物,休息长凳和艺术品,天窗架下挂着直径21米的活动挂雕,随着空调的气流摇曳摆动,光影也随之变化。透过天窗,可看见展览馆三角形平面3个角上的3个粉红色塔楼和研究中心大面积的大理石外墙,更增添了大厅的高耸感。

东馆随处是锐角和钝角,这里有三角形截面的柱,三角形的天花和楼梯,三角形平面组成的四面体天窗,有六边形和八边形的展览室。这些锐角和钝角和空间和运动上所存在的缺陷也受到批评。有人说三角形是十分闭塞的空间,抱怨三角形空间的局限性,认为三角形母题过分单调。赞美者则认为,由三角形造成的空间使人有极大的兴奋感和愉悦的模糊感。不少评论家认为,东馆以其适当的尺度和材料的特殊品质对华盛顿的其他伟大建筑物表示了尊敬和臣服,适应于林荫广场的构图和主题,完满地抛出了最后一张牌,解决了最后一道难题。也有评论认为,这个梯形大厦对周围的古典环境表现了一种蔑视。

图4.2.15.16 华盛顿国立美术馆东馆

美术馆东馆与旧馆之间有一个7 000平方米的小广场,广场之下有地下室通向旧国家美术馆,地下室设有餐厅和小吃部。广场上铺满了鹅卵石,广场中央有一排喷泉,一个水斗和一组安装了反射玻璃的三棱锥组成的抽象雕塑,这座雕塑作为了地下室小吃部的天窗。

评论家认为:东馆在其纯几何形式方面是古典的,在其改革方面是小心谨慎的,并且对现代主义和后现代主义的争斗,保持着适当的距离。

由于贝聿铭在华盛顿国家博物馆东馆设计中的突出成就,1984年,他被法国总统密特朗亲自点将,被委托为巴黎卢浮宫扩建、改建的总建筑师,贝聿铭在没有任何竞争对手的情况下进行创作。

始建于16世纪的卢浮宫,500年来曾经历过多种用途：王宫、兵营、监狱、学院、办公楼等等。1793 年，法国议会决定允许公众进入参观皇家的艺术收藏品。从此，卢浮宫成为一座世界上第一流的艺术博物馆。历史进入 20 世纪 80 年代，卢浮宫作为一个现代艺术博物馆为观众服务的设施和辅助用房严重不足，它与无与伦比的藏品及其世界地位很不相称。1989 年，又将是法国大革命 200 年纪念，卢浮宫扩建作为“纪功工程”，也成为总统的愿望。政府首先把自 19 世纪以来，一直占着卢浮宫 1/3 面积的法国财政部搬出，全面扩建卢浮宫。

贝聿铭曾说：“当密特朗总统交代任务时，我并不那么有把握我将会拿出什么样的东西，我要求给我 3 个月的时间去思考，而不拿出方案”。又说：“卢浮宫不是一座普通的博物馆。它是一座宫殿。如何做到不触动，不损害它，既充满生气，有吸引力，又要尊重历史？”

卢浮宫扩建是一座只在占地上露出金字塔形采光井的地下宫。在卢浮宫南北两翼宽达百米的拿破仑广场下面，建造两层地下空间，以获得 50 000 平方米的面积，作为观众活动及服务之用。重新装饰的宫殿本身。则全部用来收藏，展出艺术品。地下层把全馆连成一片，各部分之间有了较为便捷的联系。金字塔采光顶棚位于广场南北、东西轴线交汇点上，成为全馆的总入口和中心大厅。有人问贝聿铭，用金字塔不会引起陵墓的联想吗？贝聿铭回答说：“提这个问题的人恐怕不是真正懂得历史。他们只知道埃及。而金字塔是基本几何形之一，是最经典的形状之一。这点对地球上一切艺术领域都适用的。而且，用石头改为玻璃它的一切都已改变了。

早在方案阶段，《费加罗根》在它的读者中征求意见，据说有 90% 的人赞成创新，但反对用金字塔形式。贝聿铭曾作了如下解释：“玻璃金字塔与石头金字塔正好相反，很轻巧。它们具有同样的样式，但这形式不完全是埃及的。埃及金字塔与我们在这里做的这个，两者之间有所不同：一个是结实的，另一个是透明的；一个是奴隶艰苦劳动的产物，而今天，我们使用了高水平的工艺。…… 我想尽可能地做得最轻快，最有效。我感到我的建议好像是最简洁的解决办法，或者至少是与卢浮宫最协调最少矛盾的方案。…… 晚上，金字塔犹如水池中的喷泉，射出照亮周围建筑的万道金光”。

玻璃金字塔为地下大厅提供了充足的光线。它让大厅中的人能直接看到地上的宫殿建筑，从而有明确的方向

图4.2.17，18，19　巴黎卢浮宫扩建

感。金字塔玻璃面上映着的蓝天，流云以及周围的宫殿，水池中又留下其光怪陆离的倒影。夜幕降临，金字塔又如一个巨大的庭院灯，给古老的宫殿增添了无限生机。在东、南、北与宫殿邻近的轴线上，又各设一座小金字塔。在西面又有一座倒置的金字塔，作为采光用。7个三角水池把它们及喷泉结合在一起，像洒在广场上的一把晶莹的钻石。大金字塔高20米，底边长32米，扁平的金字塔对空间的影响不大，它与周围的建筑没有可比性，没有攀比和争吵，它们和谐相处（图4.2.17，18，19）。

贝聿铭设计的香港中国银行大厦是现代主义建筑的一重要作品。大厦位于香港楼群密集的中环金钟一带，周围是汇丰银行、邦达中心、渣打银行交易广场等多幢大楼。在这些大楼里它最高，又最抢眼，立面可见贝聿铭常应用自如的三角形母题，整个外墙以铝板和银色玻璃装饰，在各种色光下变幻着形象（图4.2.20，21）。

大厦高70层，连同顶部52米高的天线总高267.4米，总建筑面积128 600平方米。据说，设计灵感来自中国的一名民谚："青竹节节高"。象征兴旺、发达。大厦底层平面为52米见方，整座大厦依靠四角12层高的钢柱承担，室内无柱。结构上考虑到地震和强风的影响因素，采用下大上小的简单体型，大厦显得有力、稳健、实在。据说，贝聿铭父亲是一位银行家，曾告诉他，银行必须安全可靠。

4.2.2　后现代主义建筑

现代主义的4位主要人物中的两位格罗皮乌斯和密斯在二战前来到美国，加上土生土长的赖特，共有3个现代主义建筑大师在美国，现代建筑在美国有了得天独厚的优势。战后的哈佛设计学院在格罗皮乌斯的主持下，成为全美也是国际领先的建筑学院，并影响了美国乃至欧洲、日本的几代建筑师。二战后的美国，成为西方建筑理论和实践的中心。

20世纪60年代，对现代主义最早、最有力，也是最具深远意义的批判来自美国。在世界的各地区也陆续出现

了新的创作思想和流派，它在理论上批判 20 年代以来的
正统现代主义理论，认为它割断历史，重视技术，忽视了
人的感情需要，忽视了建筑创作应与原有的环境文脉的配
合。新的流派主张突破"国际式"风格的局限，创造新的
建筑形式。这是当代西方在文化发展的大背景下，现代建
筑美学的当代发展。20 世纪已经具备了让建筑舞台呈现
新的多元化发展的条件。

美国建筑师、建筑理论家文丘里(R.Venturi,1925 —)
在 1966 年发表的著作《建筑的复杂性和矛盾性》中，将乡
土建筑和地方建筑形式的地位提高到与风格建筑同等的地
位，使建筑师开始重视乡土风格，打破了建筑师不对古典
遗产进行研究的误区。该书成为后现代主义建筑的宣言
书，在推动建筑潮流朝着同单调、枯燥的现代建筑决裂的
方向发展起了巨大的作用。文丘里在他的著作中，为了把
他的思想表达得更清楚，有时还故意提出一些偏激的观
点，但他没有信口开河，他的理论是经过反复推敲的一种
纯学术性的见解。

图4.2.20　香港中国银行大厦

文丘里认为："建筑师再也不能被正统现代主义的清
教徒的道德说教吓唬住了。我喜欢建筑元素的'混杂'，而
不要'纯种'；要调合折衷，而不要干净单纯；宁要曲折
迂回，而不要一直向前；宁要模棱两可，而不要关连清晰，
既反常，而无个性，既恼人，而又有趣；宁要平平常常，
而不要做作；要兼容四方，而不排除异己；宁要丰富、冗
余，而不要简约、调和、不成熟、退化，但有所创新；宁
要不一致、不肯定，也不要直截了当……　。我爱'两者兼
顾'，不爱'非此即彼、不黑不白；是黑白都要，或者是
灰色的'"。

《建筑的矛盾性和复杂性》对现代主义的理论和教条
提出了挑战和大胆否定。有人认为它对建筑发展的历史意
义和作用可与 1923 年柯布西耶《走向新建筑》一书那样，
给建筑界以深刻的影响。柯布西耶的书是现代派对学院派
的冲击和否定，文丘里的书是后现代主义对现代主义的否
定和背叛。

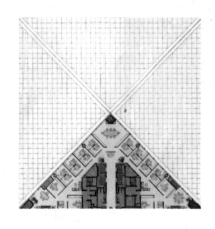

现代主义建筑思潮激烈地排斥建筑遗产和传统，即
便是虚怀若谷的包豪斯学校的创始人格罗皮乌斯，从包豪
斯到哈佛大学从不把建筑史列入建筑专业的课程。与此不
同的是，文丘里强调建筑遗产和传统的重要性。他认为建
筑师应该是"保持传统的专家"。他主张"采用片断、断
裂、折射"，"通过非传统的方法组合传统部件"。文丘里

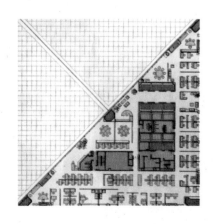

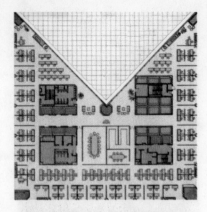

图4.2.21 大厦平面

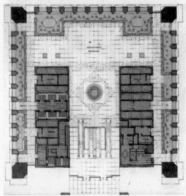

要在建筑艺术中追求复杂性和矛盾性,他认为,一座建筑物要允许在设计上和形式上的"不完善"。他提倡的新的美学观念,显然是违背古典的建筑美学观念的,但却扩大了建筑的美学范畴,使建筑艺术的路更加宽广多样。后现代建筑的出现并不意味着现代建筑的消亡,也不是"非此即彼"。它不像现代主义思潮的出现是人类建筑史上剧烈的革命性变化的产物,它只是现代建筑在形式和艺术方面的一次演变。后现代主义是对现代主义的部分修正和扩充,是现代主义建筑多样发展的又一表现。

后现代主义建筑的具体实践是多种多样的,其中较为成功的有美国建筑师文丘里、格雷夫斯、摩尔,英国建筑师斯特林,日本建筑师矶崎新等人。

1)文丘里(R·Venturi,1925—),1950毕业于普林斯顿大学,在宾州大学和耶鲁大学任教。他有自己的事务所,他的夫人也是建筑师,在一起工作。文丘里具有一名真正的建筑师和建筑画家的多方面的才能,他画的建筑设计草图熟练、自如,同许多天才的建筑大师的草图风格相似,通过寥寥几笔的勾勒,让人能够想象整个建筑建成后的丰采。

1962年,文丘里在宾州栗子山为他母亲盖的住宅(图4.2.22),一反当时盛行的现代风格,不采用平屋顶、方盘子式的形象,而采用传统的坡屋顶,断裂的山墙,大门是歪斜的,门上有一道细弧线,隐喻拱券,但也不是完整的"拱形",留一部分未作,门窗的安排也是无序,似在故意宣扬生活的复杂与矛盾。显示了其非传统的美学意趣。

1983年,文丘里称是第3次"重返普林斯顿。1947年他毕业于此,1950年在这里获硕士学位。普林斯顿大学巴特勒学院胡应湘堂是香港实业界知名人士胡应湘先生捐赠母校的一幢建筑,是学生食堂兼作会议、活动中心(图4.2.23)。文丘里在设计中使用了许多传统的线脚和细部处理手法,但没有传统的坡屋顶。入口部的墙面上,用灰、白两色大理石拼成抽象图案,好像中国戏剧中的大花脸(图4.2.24)。

建筑第一层是大餐厅和特设小餐厅,二层有客厅、院长办公室、秘书室、办公室、会议室和一个研究图书馆,地下室设咖啡馆和文娱活动室。室外小广场一端,立了一个大理石石碑,石碑是中国传统石碑的抽象和简化。大大简化了的中国石碑,仍然会告诉人们这是一块中国石碑,

图4.2.22 文丘里母亲住宅

图4.2.23 胡应湘堂

而不是别的什么东西，它会使人联想到古老的中国和今天的中国。作者把多样性堆砌到这个不大的建筑上。

1988年，文丘里为纽约州马特学院图书馆扩建设计，旧馆建于1893年，它孤零零的像一座罗马神庙。1976年，在它的一侧进行过一次扩建。文丘里接受了新的扩建设计任务，又把图书馆规模扩大了一倍。

文丘里设计扩建的新翼采取了与1893年旧馆强烈对比的形式，然而在总体上，3个不同时期建成的馆舍却形成了一个完整的构图，没有旧馆的存在，新馆将毫无意趣（图4.2.25）。文丘里往往在扩建工程时，面对古典建筑，在旁边加建一个带有彩色装饰的现代派方盒子。这种处理方法出自别人之手可能代表一种对过去的挑战，但文丘里表现的却是尊重和谦虚，省去了他再去找古典的符号。

2）格雷夫斯（M·Graves,1934—），出身于印第安纳波利斯，长期从事建筑教育，并有自己的事务所。格雷夫斯最初在公众中获得声誉是他那色彩斑驳的建筑绘画（图4.2.26）。

格雷夫斯是个学者型的建筑师，他运用文学手法中的比拟和隐喻来象征建筑文化的连续性，他不是照搬式的应用所谓的"法式"（中国）或"柱式"（西方）的"硬件"，更不是嫁接拼凑，而是使传统重现生命力。他"引经据典"，但不是照抄"典故"，他只是暗示了他吸收的传统精华，令人产生联想。

值得一提的是，他与文丘里一样，不承认自己是"后现代主义大师"，他说"我的职业有个好名字——建筑师"。格雷夫斯赞许建筑后现代的历史时期给建筑学提供了多元化的创作环境。在欧美和日本，后现代主义的思潮已广泛地渗入当代建筑设计中。文丘里、格雷夫斯以及摩尔都不承认自己是后现代主义者。评论家说，重要的不是听他们的声明，而是看他们的作品。格雷夫斯是所谓"后现代派"中最富原则性，且作品最出名的人之一，他以大大小小的各种作品的成功创造，成为美国引人注目，最忙碌的建筑师。

格雷夫斯1979—1980年设计的美国俄勒冈州波特兰市政大楼是他第1幢大型建筑作品。方案经过一段激烈的竞争，1980年被采纳，1982年10月大厦宣告落成（图4.2.27）。

波特兰大厦是个三段式建筑，格雷夫斯对波特兰大厦进行了解释，把建筑划分为"头"、"身"、"脚"3部分

图4.2.24 胡应湘堂入口

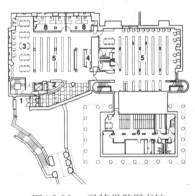

图4.2.25 马特学院图书馆

图4.2.26　格雷夫斯的建筑画

图4.2.27　波特兰大厦

是拟人化的表现。成对的壁柱是表现建筑内在本身的核心，内容，因为它们恰好和政府办公所占用的层数一样高，并"支撑"着被商业租用的最高4层。绿色3层台座意味着树叶长青，土色和奶黄色中段隐喻大地，淡蓝色的屋顶与天空相应。

4个立面两两相同。一种立面是一个大的7层高的反射玻璃方形区域，其中又用一个石造的十字形窄条将大方形分成4个相等的大方块。反射玻璃区内有6层高的12条混凝土壁柱，每6条为1组，每组壁柱上有一个凸出的"柱头"，壁柱涂着深红色的油漆。柱头以上墙面是拱心石形状的淡红色墙面，最上方一个凹口望楼位居中央。奶油色墙面开有4×4英尺的方窗（1.219米见方）。

另一对立面是反射玻璃更宽一些，仅在靠墙角处留有一排奶油色面及方窗。在反射玻璃区域有四组壁柱，每组由5个深红色"壁柱"组成，柱顶是一条横向连通的漂亮的花环饰。墙面其余部分仍为4×4英尺的方窗。4个立面的顶端都开有许多小孔，与台座敞廊小孔相呼应。

波特兰大厦的外观，严肃而有趣。整个立面的对称构图和三段式，使它看起来略带威严。壁柱和拱心石的形象，引起人们对于古典构图遐思。大胆的色彩应用和墙面上繁琐带饰，又保持着市俗的趣味。但是不同的人们，对它的形象、色彩以至它的象征意义，却没有一致的评价。

有人认为，大厦"色彩的优势和表面效果的丰富多彩使它成为一座优美的建筑，色彩在共鸣。"赞美它："充满生气而且高贵。"反对意见认为，彩色表面破坏了"实体和表面形式之间原有的和谐对话关系。"激烈的反对者建议对设计的支持者"应当放到解毒剂中去熬煮，因为他们耸恿格雷夫斯用他那杏仁糖霜似的怪物来毁坏他们生气勃勃的城市。"有人说："他在建筑学上毒害后生的心灵。"有人说大厦像"装腔作势的化妆舞会上的服装。"

对大厦窗子的尺寸的意见较为一致，大多数评论者认为它们太小。方案时定为9平方英尺，实际为16平方英尺。格雷夫斯声言它们的大小是根据各种办公室尺寸的关系决定的，同时也考虑到节约能源。有人认为，似乎更大的可能是格雷夫斯对现代建筑大面积的窗有反感，因而有意反其道而行之。格雷夫斯则说："采用大窗面的墙，降低了二者原有了性质和价值"，他还说，站在落地窗玻璃边时感到眩晕难忍。他还坚持说："让办公桌的脚能从窗外看见不过是发狂！"波特兰大厦成为历史上争论不休的作品之一。

位于美国肯塔基州路易斯维尔的休曼那大厦，是一次指名邀请赛的中选作品，也是格雷夫斯为后现代建筑树立起的另一座纪念碑（图4.2.28），1985年建成。这座26层高，位于路易斯维尔市中心的建筑是美国著名的专营保健事业的休曼纳集团公司的总部。

大厦高26层，有两层地下车库。基部6层为公众空间以及高级职员办公用房。一般办公用房设于其主体部分，第25层为会议中心，并与一室外大平台相连，可眺望全市。

大厦整个构思和手法，可说是波特兰大厦的继续，但已显得圆熟老练，很有气势，透露着设计者的实力和信心。在这幢建筑上，格雷夫斯在建筑画表现中那种任意涂抹的风格有了更成熟的发展。小方窗继续成为他主要的构图要件，对称及"柱头"的应用使立面既隐喻传统的章法，又表现了其新的情趣。

建于美国佛罗里达的迪斯尼世界天鹅旅馆和海豚旅馆是格雷夫斯90年代初的作品。1 510套客房的海豚旅馆与758套客房的天鹅旅馆围绕着一片新月形的湖水，一条分割湖面的步道连接着两个旅馆的门厅。两座旅馆都设计了舞厅、会议室、零售商店等附属设施。群体布局借助于水体的搭配显得自由舒展。建筑的造型、色彩与卡通式的天鹅、海豚的可爱形象融为一体，创造了一种随和、欢快和豪华的气氛，与迪斯尼特有的娱乐环境相匹配（图4.2.29，30，31）。

格雷夫斯把室内装饰的幻像扩大到整个建筑群的意象之中。把变形加工后的建筑的真实元素与动植物图案巧妙组合，营造了童话世界般的意境。有人认为，对于这种以消费和消遣为己任的建筑来说，后现代的某些随心所欲，放荡不羁的性格是再合适不过的了。

格雷夫斯的各类创作极为丰富，不胜枚举。他开拓的自己的设计之路，最初起源于"近代建筑"的教育。他在欧洲深造时对希腊、罗马，文艺复兴时代的建筑等古典建筑有很深的研究，这些对于建筑历史文化的熟知，

图4.2.28　休曼那大厦

图4.2.29　迪斯尼世界海豚旅馆

图4.2.30　天鹅旅馆

图4.2.31　迪斯尼世界平面

使他在70年代摆脱"经典的近代建筑后"，重译古典语义，让历史的"典故"找到了新的载体。

3）斯特林（J·Stirling,1926—1992年），生于苏格兰的格拉斯哥，在英格兰利物浦长大。二次大战从军打仗，参加盟军在诺曼底登陆战负伤。1945年入利物浦大学，1949年以交流学生到美国，1950年毕业。斯特林除在英国活动，还担任德国建筑专业院校的教学工作。他用轴测图表现设计的方法，是他的一个特点。斯特林从50年代至今，留下了很多作品。他跨越了现代主义和后现代主义两个时期，在他40年的建筑实践中，作品的风格和形式则是随着时间的推移而不断地变化。这种变化反映了战后建筑思潮的影响。

早在"现代主义"极盛时期，1956年斯特林曾说："在当今美国，功能主义意味着适应工业过程和工业产品的建造；而在欧洲它依然意味着为特殊使用目的而进行的，实质上是人文主义者的设计方法。"他不同意把设计停留在表现材料和建筑技术的层面上，他批判地继承现代建筑的一些原则，强调对人性的考虑是进行设计的出发点。

进入60，70年代，反现代主义潮流汹涌激荡，斯特林不断变化的风格在70年代中期有了较大的转变。他于70年代开始设计，建成于80年代中期的德国斯图加特市国立美术馆新馆成为后现代主义的代表作。历史上的建筑"流派"总是先有倾向、思想、作品，后有评论与划分，最后被评论家贴上标签。"后现代主义"这词总令建筑师心烦，英国人也不喜欢这个词。斯特林及其事务所坚决拒绝任何标签。不过斯特林后期作品表现出对纪念性的追求，对文脉的重视，采用一些古典建筑的元素，鲜明色彩的对比等实际是适合"后现代主义"这种思潮的。

斯图加特美术馆新馆（图4.2.32，33）是由新美术馆、剧场、音乐教室楼、图书馆及办公楼组成的一座群体建筑。它位于老馆（1938年建）南侧，西部隔街与斯图加特国家剧院相望。

新馆座落在1个台座上，台座是8口平台，台座下设停车场。形似对称的平面与对称平面的老馆前半部取得一致。新馆中央为一露天的陈列庭院大面积的石砌院墙，使人想起古代的圆形露天剧场，半圆周内留有沿庭院的圆墙盘旋的步道，人们在其中穿行时，对称与不对称的感觉仿佛在变换。平台的一些石墙面上，可看到钢与玻璃作为的雨篷。办公楼立面是现代建筑的条形窗。入口大厅有曲面的绿色玻璃墙。直径 30 厘米的大红、大蓝的超尺度钢管扶手、钢管栏杆在石砌坡道到处延伸。斯特林说："我希望参观者感到这座建筑看起就像一个美术馆"。

斯特林是当今最具影响力的建筑师之一，然而他的不少作品也受到批评，但他创造新风格的非凡能力和他随时代前进而作的不倦的探索，是值得钦佩的。

4）摩尔（C·Moore，1925—）是美国后现代主义中影响比较大的建筑师，早年在密执安大学学习，此后在普林斯顿大学获得建筑学博士学位。摩尔与文丘里是同学和好友，受路易斯·康的影响很大，对后现代主义的空间概念有所发展。

摩尔善于在现代主义之外去寻找创作灵感。他说他的灵感来自农村、小山村，来自手工玩具，一段门廊，甚至是任何一件小东西。他认为建筑应该是丰富、复杂、充满趣味，就像人的生活本身一样。他自认为自己的建筑思想受到东方美学思想的影响，他喜欢中国南宋的绘画所表现的哲学思想。他还说他的某项某项设计是受中国的某一幅宋画或某一句古诗的启发。摩尔不认为自己是后现代主义者，但他的意大利广场却是后现代建筑最初的代表作之一（图 4.2.34，35）。

图 4.2.32，33　斯图加特美术馆新馆

广场位于新奥尔良市旧中心边上的商业区，周围建筑有 19 世纪的商业建筑，又有刚建成的高层现代建筑。1973 年 3 月，新奥尔良市市长决定建一座意大利广场，这座广场要成为新奥尔良市民与意大利之间友谊的象征，表达对占新奥尔良市人口 15% 的意大利人的尊重。摩尔的设计受到评选委员会的欢迎，并开始进行设计。

广场为圆形，用浅色和深色交替铺出同心圆条纹，广场的一角约 24.4 米长的一段，分成若干层台阶，做出意大利国土的轮廓形状，布置高低错落表现意大利半岛的实际地形，在"国土"所在的半岛的最高层有瀑布

图 4.2.34

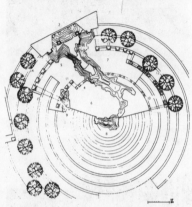

图4.2.35　意大利广场

流出，象征意大利的3大河流：波河、台伯河和阿尔诺河，然后流入由两个水池代表的第勒里安海和亚德里亚海。在海的当中，广场的几何中心是西西里岛，新奥尔良的大部分意大利移民都来自这个岛屿。半岛的后部的建筑由两个套着的券门组成，外面的券是科林斯柱支撑，凹进去券是爱奥尼式柱子支撑。喷泉是由5座沿着周边的同心的弧形柱廊组成。它们漆成鲜艳的铁红、黄色和橙色。柱廊是古典柱式的大集合，即塔什干式、多立克式、爱奥尼式、科林斯式和复合式。喷泉在水力工程师的配合下，水流采取了很多方法控制。在多立克柱壁上，水顺着不锈钢的柱顶流下，成了流体的多立克柱身。爱奥尼式的柱子饰，科林斯式柱头的草叶、复合式的柱头和基座都是用水流来形成，形成了丰富和巧妙的流水组合……。

意大利广场1978年3月落成以后，引起了数不清的笔墨官司，也许要是没有这些无休止的争论，该纪念性建筑早已湮没无闻。直至今天，评论家和学者们仍然在发表他们的反对意见。摩尔说："这些反映的生气勃勃，增加了我对该设计的自豪。我早就说过：我自认为最好的作品，一定会招来一场特大的'火灾'；他使得该广场成为我们最好的成果……。"

5)矶崎新（Arat Isozaki，1931—）出生于日本九州北部的大分县，1954年东京大学毕业。是日本建筑师中备受国际建坛瞩目者之一。矶崎新的建筑活动涵盖了建筑设计、建筑理论、建筑文化等建筑学的各个领域。他是一个多思的建筑师，常大谈其"禅"，似乎有许多说不清，道不完的建筑"哲理"，他的思想以思维复杂，态度暧昧和令人费解著称于世。但当他的"哲理"表现在作品中时，却是使人看得懂，也接受得了的。矶崎新认为，任何建筑最终的形式整体都是来自于一些基本的形体运作，就像任何文章都是由基本的字母构成一样。他把日本的，东方传统融入自己的创作，但它突破东方文化局限，在作品中表现了东西文化和古、今文化的统一与和谐。所以他的作品不单纯地表现地方性，放在哪儿都合适，有明显的国际化倾向，有较鲜明的时代特色。

1983年6月建成的日本的筑波中心，是矶崎新所作的第一个城市尺度的多功能群体建筑(图4.2.36，37，38)。有的评论认为这一设计标志了矶崎新创作风格的起点。

这一建筑群位于筑波科学城中心位置，包括了文化娱乐、行政管理、商业服务以及科技交流等设施。中心占地 10 642 平方米，总建筑面积 32 902 平方米。用地为两面临街矩形，主体和音乐堂沿道路交叉口布置成"L"形，其余地段作成网状分格的铺地。在L形建筑围合成的铺地部分，设置了一个平面为椭圆形的下沉式广场，广场的长轴与城市南——北轴相重合。并正对着音乐堂的拱门入口，散步平台被有机地组织到城市空间之中，成为城市交通和交往的重要部分。

椭圆形广场是这一建筑群体的外部构图中心，设计受美国洛克菲勒中心广场和米开朗琪罗设计的罗马市政厅广场的影响，但又吸收了日本的空间构成和庭园布置的传统。广场铺地为放射形图案，中心设有喷泉。广场西北角没有小瀑布，水一直流入广场中心喷泉下，通过颇具山野风味的自然古朴的台阶式小瀑布，与西北面的露天广场相连。散步平台下是室内购物街及各类商店，平台上 5 个圆柱形排气塔用玻璃砖组砌，成为室内购物街的采光口，排气塔顶部种植花草，形成一个个高耸的精致的花坛。广场周边外墙面为银色陶砖，同平台上主体建筑的上部外墙面的处理一致。主体建筑的下面外墙面则为粗糙的砖石模样，实际为凿有深沟槽的混凝土面层。在上下两部分墙面之间，通过铸铝圆线脚相接。主体建筑的每个入口处分别采取了正方形、三角形半圆形等几何形式的开窗和粗犷的立体造型。下沉式广场中轴线上开有的门洞，粗犷的"石"墙上端架有发亮的精致的金属拱洞架子，它不遮挡观看向北延伸很远的轴线端头。其轻巧金属架与厚重"石"墙面形成了强烈的对比。

上面介绍了几位建筑师的创作实践和个别代表作，说他们是后现代主义者，但他们几乎都不愿意被人们如此称呼。但他们的作品有明显的后现代倾向。对于后现代建筑，应当说它的定义和界限相当宽泛，也较朦胧，一些建筑师不愿意受不近人情的传统的清规戒律的束缚，他们在自己的追求中倾注了激情和努力，他们的作品开阔了我们的眼界，使建筑美学出现了内容更为丰富的发展和演变。后现代主义对建筑设计领域和城市设计领域的探索向广度和深度的发展起了推动作用。

4.2.3　解构主义建筑

解构主义是 20 世纪 80 年代中期到 90 年代初在西方出现的一种先锋建筑流派。"解构主义"本是当代西方哲学界兴起的哲学学说，是在与 20 世纪前期的结构主义哲

图4.2.36　筑波中心

图4.2.37　筑波中心入口

图4.2.38　筑波广场

学思想的论争中产生。对结构主义攻击最猛烈的是法国哲学家德里达（J·Derrida，1930—）。德里达"把解构的矛头指向了一切固有的确定性。所有的既定界线、概念、范畴、等级制度，在德里达看来都是应该推翻的"（包亚明《德里达解构理论的启示力》）。受德里达的影响，西方文化界引起了解构热。

有人认为，解构主义建筑是解构主义哲学的风吹进了建筑界，是解构主义理论的应用，产生了解构的设计。也有人认为，产生这些解构的设计，是从建筑传统中浮现出来的，碰巧显示出某种解构性质，因而，解构主义建筑是构成主义的当代发展。对解构主义建筑，屈米认为是"以颠狂的无限结合的可能性，提供了一条印象多元化的道路"。在审美模式方面，现代、后现代，关注的是审美的"结果"。即美的欣赏者在其"结果"中产生愉悦。解构主义建筑师则是让"每一位观者都可以提出自己的解释，又导致一种能再解释的缘由"。（屈米语）他们要把具有"美的感染力"的美的形象建立在观者有多义的感觉和多种解释上。

吴焕加教授在谈到解构建筑时，以中国书法和解构建筑作了些比较："中国的书法与现代西方的解构建筑当然没有直接联系，可是书法理论，特别是草体书法的理论，有助于我们解释解构建筑的审美价值和美学意义。"

对于中国书法艺术的欣赏，在中国可谓是源远流长，把实用的汉字的书法变成了"字如其人"的追求。使书法艺术形成了具有独特表现力的艺术门类。一些外国人也为之叫绝。毕加索也说，如果他是中国人，他一定不是画家而是一个书法家。近些年，国内有个别艺术爱好者，要把书法"再解构"，发展到与原汉字字形、笔划无关的"乱书"的艺术欣赏品了。

从发掘的文物发现，早在公元前13世纪，甲骨文已显示原始书法艺术挺拔刚健之美。甲骨文演化为籀文，也叫大篆。秦丞相李斯（？—公元前208年）等人把大篆简化，规范为秦篆，也就是常说的小篆。小篆工整严谨、端庄典雅；笔画之间呼应，穿插得体，如李斯的《秦山刻石》。小篆虽比大篆简化，但书写仍不便，隶书开始流行。东汉时隶书发展到极盛期。东汉隶书从审美的角度按风格又分为飘逸秀丽、厚重古朴、工整精细、奇纵恣肆等多种类型。《汉邰阳令曹全碑》（公元185年）简称《曹全碑》属飘逸秀丽类，它结体匀整"虽瘦而腴"，柔中有刚，历史声誉

较高。东汉碑刻中又一著名作品《汉故谷城长荡阴令张君表颂》（公元186年），简称《张迁碑》，它的线条朴拙、刚劲沉着，具有古朴之美。有人说它"有骄横不可一世的气概"。由隶书演化而来的楷书，又称真书。从三国到魏晋南北朝的数百年，是由隶书向楷书的过渡期。三国时的钟

繇，楷书写得很好，被后人尊为楷书之祖。北魏的楷书，别有一种风格，习称"魏体书"，也称"魏碑体"。其线条浑厚沉着，用笔方便劲健，充满一种粗犷豪纵的美感。有名的魏碑书法代表作有《龙门廿品》。到了隋唐，楷书中隶书的某些特点消失了，楷书在唐朝便进入了高峰期。中唐的颜真卿（公元709—785年）是最重要的代表人物之一。楷书《自书告身》是他晚年作品，其线条厚重、丰劲、圆中寓方、柔中有刚，有浮雕般的立体感。他的字宽绰大方，横细竖粗，竖画多呈内弯弧形，产生向外张力。他一反初唐以秀、雅为美的风气，代之以雄、健、"俗"的审美观念。

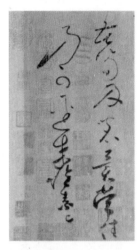

借鉴中国历代书法的理论和作品，如果再能追寻其审美变化的社会、经济、文化的发展状况，用来分析建筑审美在发展中的价值，也许有些积极的意义。

中国书法的行书、草书，我们姑且把它们称为"解构书法"，在这些书法作品中，也追求了扭曲、斜置、破碎、冲突等美学效果。被后人尊为书圣的王羲之（公元321—379年），他的《兰亭序》被称为"天下第一行书"，全帖从头到尾一气呵成，帖中行距不拘，而且每行的长短、曲直、正斜变化很多。字距也是如此，大小间杂，个别字重心不稳，但统而观之，却充满了变化与生气。可惜原帖已殉葬于唐太宗的昭陵，现在见到的是唐人的摹本。宋代米芾（公元1051—1107年）的《珊瑚帖》，继承了古人更有发展。他的行书，苏东坡说："风樯阵马，沉着痛快"；黄庭坚说："如快剑斫阵，强弩射千里"。他的字侧倒多姿，有些似为"怪诞"，但却充溢着生动、丰富的美感。

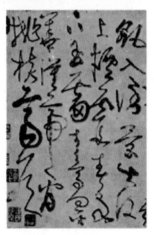

汉代时，为了书写方便，把隶字写得草率，简便而形成草书，也称章草，晋代仍很盛行。它的特点是隶书笔法明显，笔画间出现了细连笔，字字分离不连写，晋人索靖（公元244—303年）的《月仪帖》颇具当时的特征。他

的字如:"山形中裂,水势奔流,雪窗孤松,冰河危石,其坚则古今不逮","飘风忽举,鸷鸟乍飞"。其作品给人以静中有动,险峻庄重,飘逸古雅的感受。章草发展为今草后,字形由扁平方正改为竖长,字与字往往连写。其极端为狂草,唐代的张旭(生卒年不详)可说是狂草的代表人物。他为人放任不羁,被称为"张颠",其作品充满了奔放恣肆的浪漫气息,反映他所生活的盛唐气概。他的《古诗四帖》如唐代《书谱》所讲"观夫悬针垂露三异,奔雷坠石之奇,鸿飞兽骇之资,鸾舞蛇惊之态,绝岸颓峰之势,临危据槁之形"。观者即使不认识那些草字,也能感受到作者激越的情怀。这种"狂"是"守法度至严"的,并非任意涂鸦,所以人说:"张颠不颠",他被后人尊为"草圣"。

中国草书艺术与西方的解构建筑,尽管它们是不相干的两种事情,书法是以笔画线条具有审美价值。建筑中也离不开线条的应用,都以在视觉上创造美的对象,产生艺术感染力,表现创造者的某种追求、情调和趣味。

什么是解构主义建筑原则和特征,至今仍无公认的看法,下面我们结合具体的建筑创作来了解解构主义在建筑设计中的表现。

1)盖里(F·Gehry,1929—)美国建筑师,1929年生于多伦多,为犹太人后裔,1954年在美国南加州大学获建筑学学士学位,后在哈佛大学攻读城市规划2年,1962年在洛杉矶开业,并在加州大学洛杉矶分校兼作客座教授。盖里是当今国际建筑界最有影响的建筑师之一,是著名的构图大师。美国有人把他与文丘里、埃森曼和海杜克并列为领导当代建筑潮流的"四大教父"。进入90年代,盖里的作品更加令人瞩目,他的作品被建筑评论家贴上各种标签,后现代、新古典、晚现代、解构、现代巴洛克等等。但他最主要的成就应当说是在建筑构成及建筑造型方面的探索。盖里的作品不但在造型方面有所创新,同时在强调造型的同时又非常重视功能和环境。

盖里曾说:我感兴趣于完成作品,我也感兴趣作品看上去未完成。我喜欢草图性、试验性和混乱性,一种"正在进行的样子"。如果你想在秩序、结构、完整和美的形式定义上来理解我的作品,你就完全搞错了。我像对待雕塑一样对待我的每一幢房子,一个有光和空气的空间容器,没有比这更有趣的事了。所有这些都是对坚固、实用、美观的追求。

盖里的作品在80年代前期被评论界认为是后现代主

义、现代古典主义，80年代末开始被列为解构主义、现代巴洛克。这说明他的作品的探索、创新精神引人注目。盖里从不承认自己是什么后现代主义或解构主义，他说解构主义者这个术语把他弄得莫明其妙。盖里把建筑视为艺术，他认为建筑艺术的区别只是在于建筑涉及更多的政治问题、社会问题和技术问题。

美国洛杉矶洛约法大学的法学院伯恩大楼（1981—1984年），（图4.2.39），底层为学生活动用房，2~4层为行政办公。东立面朝向广场底层设柱廊，使广场更具传统气氛。为了打破东立面的平淡，把体型丰富的室外楼梯与两坡顶的玻璃廊组合，成为立面构图中心。一个平面简单、规整的综合楼，经盖里在中部构图上简练的"分裂"、"扭曲"后，令人耳目一新。

图4.2.39　法学院伯恩大楼

美国尼阿波利斯市的温顿住宅（扩建）位于距市区近50公里的密林湖畔。主人温顿是一位艺术品收藏家，主人想扩建一组客房接待子孙。温顿希望扩建后的客房应完全区别于一般的住宅，应是最富现代感，要具神秘感和幽默感，要成为他可爱的小孙子童年的深刻印象。温顿先生从杂志上看到对盖里的介绍，认定他是最理想的设计师。盖里不负主人的期望，把整幢住宅化整为零以减小尺度感，他以单个房间形成风车般的四翼，金属块体与砖砌块体组合，使新的建筑成为原有住宅的室外抽象雕塑（图4.2.40，41）。

图4.2.40，41　温顿住宅

80年代初期，盖里受后现代主义符号学的影响，尝试过夸张的隐喻手法来表现建筑。如他著名的鱼餐馆（图4.2.42），广告公司总部大楼（图4.2.43）等。80年代后，盖里的建筑风格从幼稚走向了成熟，开始了明显的转变。

德国莱茵河畔的魏尔市家具博物馆，博物馆由展室、图书馆、办公室、仓库等组成。初看其外形令人眼花缭乱，想象其结合会很复杂。仔细分析后，才知其结构简单规整，功能布局合理，体形变化主要是利用建筑外围的入口门厅、雨篷、楼梯、电梯等公共交通部分进行造型，形成相互渗透。建筑通过天窗采光，没有侧窗，使其雕塑感很强，其构图采用了动态平衡，形成了这座博物馆的独特风格（图4.2.44）。

图4.2.42　鱼餐馆

法国巴黎美国文化中心，这是盖里在巴黎的第一项工程，场地不太接近正方形，功能比较复杂，有350座的剧场、100座的电影院，以及展厅、美术工作室、舞蹈训练室、语言教室、图书馆、商店、餐厅、咖啡厅等多种活

图4.2.43　广告公司大楼

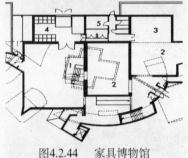

图4.2.44　家具博物馆

图4.2.45，46　巴黎美国文化中心

图4.2.47　魏斯曼美术馆

动用房，此外还有一定数量的客房招待来访的艺术家。中心入口挑檐借用了芭蕾舞裙的形象，玻璃中庭与垂直交通竖井形成虚实对比的构图中心。左侧客房楼也设计成不规则的形体，右侧则利用剧场的出挑玻璃休息厅作为呼应，形成一组完整的立体派风格构图（图4.2.45，46）。

美国明尼苏达大学魏斯曼美术馆是盖里多年梦想的实现。他说"多年来，我一直梦想着设计一座美术馆。对我来说，每一个设计项目都是一次新的冒险行为。新的地段，新的业主和新的设计内容，使我有可能避免重复过去的作品。"美术馆共4层。底层及二层有商店和贮藏室，设备用房放在底层，上面是办公室。展览空间位于东南部位，用天窗提供天然光。由于用地比较狭窄，他的雕塑般的形体被集中在一个西立面上，显得过于拥挤。夕阳西下时，整个立面上的不锈钢板映出金色和桃红色的光辉（图4.2.47）。

捷克布拉格的尼德兰大厦位于布拉格市历史文化保护区内，沿伏尔塔瓦河并在交通要道转角处。布拉格集中了中世纪、文艺复兴、巴洛克和新艺术运动的各类建筑。总统希望新的设计建筑能与布拉格城市的肌理结合，不要方盒子。捷克政府原拟在此建造文化中心，并要建筑师作了建筑方案，后因荷兰保险公司ING投资，功能改为办公楼为主，投资人希望由国际知名建筑师设计，原方案的作者布拉格建筑师米卢尼克非常敬佩盖里，便建议盖里担当此任，他自己做其助手。

盖里的设计为双塔方案，双塔虚实对比，象征一对男女，男的体格坚实，肩宽体壮，女的柔弱婀娜，身段柔美。"男"、"女"各采用不同墙面、装饰，强调了虚实对比。墙面上波浪状的装饰线条，用以强调动感（图4.2.48，49，50，51）。

美国纽约时报评论家马斯卡姆用幽默的比喻方式评论说："弗兰克·盖里设计的新古根海姆博物馆是一个包裹着钛金属板的闪闪发光的，主题疯狂的、后工业主义的，美国式乐观精神爆发的产物。"

西班牙毕尔巴鄂古根海姆博物馆（图4.3.52，53），1997年建成，建筑面积2.4万平方米，位于勒维翁河畔，该博物馆不仅造型如同抽象的雕塑，而且功能和空间也适应需要，成为建筑史上的一座里程碑。若干单体的集中、堆砌、错位、以及扭曲、倾斜的轮廓线，也许这就是人们所熟悉的盖里风格。

　　盖里将与古根海姆博物馆再次合作设计位于美国曼哈顿南部的古根海姆博物馆分馆（图4.2.54）。在西班牙奥哈地区的小城埃尔谢戈，盖里设计的葡萄酒厂，预计2003年完工。

　　2）屈米（B·Tshumi，1944—）法国籍瑞士裔建筑师，曾在英、美著名大学任教。屈米设计的巴黎维莱特公园被建筑界公认为当代解构主义的重要作品。法国政府授予设计人荣誉勋位勋章。维特莱公园成为80年代最具影响的作品之一。

盖里草图

　　维特莱公园位于巴黎东北部市区与郊区的接合处，占地55公顷。园中有一条东西向水渠将地段分为大体相等的两部分。南半部保留了原建于1868年的家畜肉类市场，北半部保留原拍卖场的巨大结构，基地上原有的其余建筑全部拆除，重新进行新的规划设计。

　　公园设计方案是通过国际竞赛选出的，竞赛要求中明确宣布要修建一个"21世纪的公园"，鼓励探索新的构思。来自36个国家的471位参赛者参加角逐，1983年3月，评委选中了屈米的方案。

　　屈米的设计方案，已没有传统公园概念，突破了法国传统公园模式。设计把公园不仅作为休息场所，也是文化、教育、娱乐和交往中心。

　　公园的总体设计是由点、线、面三套各自独立的体系通过并列、交叉、重叠而合成的。点的体系是指在120×120米的方格网中的每个交点上，以一种名为"浮列"（folie）的红色构筑物或单元体组成。它们排列整齐，形成规则的格网，北侧延伸至工业馆，南端引入音乐城。"浮列"的平均体量约为10×10×10米的立方体，实际大小不等，功能不一，如餐厅、茶室、展厅、售票亭、观景楼、游乐场等。这些构筑物或单元体大多为高技派的雕塑状，这些形体各异的"浮列"采用钢结构的大红色瓷釉钢板建造，红色的点成为一个强烈的容易识别的符号，一种纯符号，没有含义。欣赏者以根据自己的理解去解释它。由点形成的座标网便于游客寻找和定位，设计和使用的灵活性很大，便于维修、造价低、建成快。线的体系分为直线与曲线两种。两条垂直相交的直线也具有标记作用，一条是横贯东西的原有水渠，一条是新设计的南北向高技派直廊，走廊宽5米，波浪式顶板悬挂在高大的支架上，空中望去，宛若一条悬空的水渠。走廊两端靠近地铁车站及公园的几处主要出入口，连接着市区和郊区，供大量人流

图4.2.48，49，50，51 布拉格尼德兰大厦

图4.2.52，53
毕尔巴鄂古根海姆博物馆

图4.2.54　古根海姆博物馆分馆

图4.2.55，56　维特莱公园

通行。精心规划的曲线是公园中的步行小道，供游人散步并与各"点"相连。面的内容和形式很广泛，线以外的多种形状的空间和不同材料的铺地，为游客提供了嬉戏、野餐、集会、市场、运动等多种活动的功能（图4.2.55，56）。

维特莱公园建成后，建筑界、舆论界褒贬不一，欣赏者认为是一种创新。也有人认为它"怪诞不经，乖谬费解。"认为它"随心所欲，杂乱无章。"维特莱公园设计面对的难度较大，公园占地大，园地已有大尺度的建筑物和水渠，高技派的科技工业馆先于公园规划，音乐城的设计与公园设计同时进行。"秩序"如何建立？"效果"如何统一？这些都是影响公园设计的重要因素。

点的处理是人们争论的焦点，一些人常用充斥整个画面的特写镜头图像显示其"疯狂"，实际上由于公园很大，120米的"疯狂屋"中到中的间距，点的相对尺度较小，在大片绿地的背景中，并非太嚣张。这些"小品"远看排列整齐，大小差不多，色彩一致，近看各不相同，变化万千，少部分功能性较强，大部分是空架子形成的高技派雕塑。屈米把园区内的不同时代、不同风格的古典及现代建筑用网络统一，把这些近看有点"怪"，实为网络座标点的"红桩"体系，为园区建立了新秩序，实现了统一，这正是传统建筑美学所追求的效果。

直线与曲线的组合也别具一格，南北贯通的走廊改变园地内东西向直线水渠的单调感，高技派的波形顶走廊的大尺度，成为公园强有力的构图元素，自由曲线则缓和了两条直线的生硬，曲与直的配合使构图均衡，达到刚柔相济和强烈的动感。

屈米在设计过程中曾与法国解构主义哲学家德里达共同切磋，在创作指导思想上深受解构主义影响，一些解构主义的手法，在维特莱公园得到充分的运用，使维特莱公园成为解构主义的代表作。

3）埃森曼（P·Eisenman，1932—），美国建筑师，1932年生于新泽西州，是犹太人后裔。

1955 年毕业于康奈尔大学。后在哥伦比亚大学获建筑硕士学位,在剑桥大学获博士学位。曾先后在剑桥大学、普林斯顿大学、耶鲁大学、哈佛大学任教。1967 年起与人合办纽约建筑与城市研究所并任所长。1937 年主编《反对派》杂志。研究所和杂志成了美国当代建筑及艺术争论激烈的论坛。他发表了数十篇文章,做了一系列探索性的方案,被称为:"比建筑营造者远为积极的教育家、作家、批评家和出版家"。70 年代,他通过卡纸板式小住宅来体现现代哲学和语言学理论在建筑设计中的应用,70 年代末开始着手进行大型公共建筑设计,在更大规模和更广的范围内体现其建筑思想。他认为解构主义是一种意识而不是风格。因此,解构主义最终是不可见的。他说:"如果有什么解构主义的话,我是第一个起来反对的人,我总是反对那些成为时尚的东西,我基本上是个背离群体,自行其事的人。"在解构主义的浪潮中,又重复出现在其产生前 20 年的后现代主义相类似的情况,新的很快又被改变,建筑师不愿被人认为是守旧的人。

　　1989 年 10 月,在美国俄亥俄州哥伦布市落成了埃森曼的一力作,即俄亥俄州立大学韦克斯纳艺术中心。(图 4.2.57)艺术中心是埃森曼设计并建成的第一个公共建筑。方案定稿于 1983 年,当时俄亥俄大学拟为前卫派艺术提供一个活动中心,地段选在大学椭圆广场的东南角,穿插在两幢已建的大报告厅之间,新旧建筑扭在一起,虽给工程技术带来麻烦,但却给校园留下更多的空地。设计运用断裂的红色塔楼高低错落,再现了一座建于 19 世纪毁于 1958 年大火的军火库遗址。从广场铺地至艺术中心的平面布局均有二套轴网。主轴网突出白色构架的导向性,与城市街区和街道网络一致,两个平面网络呈 12.5 度相交。艺术中心可展示各种视觉艺术成果,并为各种年龄的人提供教育课程。内部设施包括 4 个展廊,1 个小电影厅,图书馆,以及艺术书刊与礼品商店,咖啡厅,音像制品车间和仓库等等。艺术中心大部分建在半地下或地下,高出室外地面的屋顶做成高低错落的花坛和平台,有的被用来与其他建筑相呼应。埃森曼认为地段是张"羊皮纸",能写、能擦、能重写历史。

　　在醒目突出的白色金属构架下的步行道,南高北低,覆盖其上的金属构架却南低北高,使构架从任何一端望去,都产生向天空或地面的移动感。门厅的主楼梯的踏步上有一根柱子,另有一根断柱,像钟乳石般从天花板垂下

图4.2.57　韦克斯纳艺术中心

图4.2.58　韦克斯纳艺术中心内景

图4.2.59　辛辛那提大学

（图4.2.58）。这也许是埃森曼要打破现代主义功能至上的信条，特意作给评论家"骂"的。

艺术中心给人的空间体验是愉快而新奇的。为了强化内外延续的网络系统的作用及其丰富的视觉效果，埃森曼把真正的结构涂成灰色的，把概念的结构涂成白色的，让人们清晰地看到它们的存在。

韦克斯纳艺术中心方案设计，业主曾指定5个设计单位参加投标，包括佩利、格雷夫斯等名家，埃森曼胜出。包括佩利、格雷夫斯等的集中式方案都只是校园中一个孤立的景点，而埃森曼则以新老建筑组成一个互相关联的艺术综合体。当时作为评委的约翰逊一度倾向于格雷夫斯后现代主义风格的方案，但在艺术中心落成后承认自己"完全错了"。

1987年，埃森曼主持设计的辛辛那提大学设计、建筑、艺术及规划学院扩建工程，由于设计构思独特，1996年建成后被评论家认为是赖特的古根海姆博物馆之后，美国建筑界最重大的事件。约翰逊则认为，美国没有任何建筑能与之相提并论。

学院原有五幢连接的建筑，面积约1.6万平方米，扩建后面积增加一倍，扩建部分包括350人的报告厅、图书馆、教室、实验室、行政用房、咖啡厅、展廊等等，共容纳学生1 750人，教师120人。

原有建筑呈折线连接，扩建部分在原建筑北面仍按折线形排列，然而再予以扭转，使新旧建筑形成了有机组合。新旧建筑之间的空间被设计为中庭。在极不规则的中庭北侧布置了单跑大楼梯，坡度极缓而且有宽度变化。大楼梯与横跨中庭的天桥，形成空间的穿插，再加上随着高程的变化，结构的扭转，产生了强烈的动感。新旧建筑之间的中庭成为多功能共享空间，设计课经常在此评图，学生坐在大台阶上也不会影响交通。教授认为在这样空间环境中，可刺激学生的创新欲望，增加紧迫感。

学院的主入口立面用微小的凸凹墙面及淡淡的红、绿、蓝3色组成楔状构图，形成独特的动感，由于加强了竖向块体的体量，才给人以稳定感，满足了视觉的均衡（图4.2.59）。

4.3　建筑美的欣赏

在建筑的审美活动中，如果我们承认建筑是艺术创作的话（因为有人不这样认为），那么建筑的创作固然也同许多艺术的创造一样，是化主观之于客观，化生活美为艺术美的创造过程。也同其他艺术门类的欣赏一样，建筑审美活动也是一个美的再创造的过程。人们欣赏建筑美，并不是消极与被动的，在实际存在的建筑面前，一般的或专业的欣赏者都是通过自己的思维活动，调动起长期积累的审美经验，去把握形象带来的各种感受。根据心理学的分析，审美活动的心理条件就有联想、移情等内容和特征。

联想是回忆的表现形式。俄国生理学家巴甫洛夫（1849—1936 年）说："条件反射即联想"。联想让人们把建筑在空间和形式上与之接近的建筑物通过回忆形成联系。真正美的建筑总保留了建筑所处的时代留给它的建筑美的印记。黑格尔曾经说过："每种艺术作品都属于它的时代和它的民族，各有特殊环境，依存于特殊的历史和其他的观念和目的"。当我们在欣赏一群"仿古"建筑时，我们会调动起我们对于真正古典的回忆，我们对真正的古典了解得越多，对"仿古"的"胡乱拼凑"越会特别反感。也许这种"反感"对其他的普通鉴赏者来说是不存在的，其他鉴赏者可能会认为它已具有了民族的、地区的、传统的特色，我们有必要去纠正人们的这种评价吗？当然，这类"仿古"建筑是否优秀，是否毫无美感可言，那又另别论了。

在建筑学术语中，"风格"一词是最被滥用的词汇之一。因为这一术语有许多不同甚至相互矛盾的含义。前述章节中提到的："后现代主义"、"解构主义"的代表人物及其代表作，"标签"虽然被贴上，但他们——"大师"本人都不予接受。他们不承认自己是什么"派"，什么"者"，比如"后现代派"，"解构主义者"等等。但他们的作品中明显带有某种思想潮流所宣扬、推行的做法，说他们有某种思潮影响的流派的风格特征应当说更确切些。这大概是"风格"一词的应用之一。它表明的是这些作品表现出与别的建筑设计效果和形式有着鲜明的区别。这种风格可以认为是设计师个人的兴趣和追求；可以是不同文化背景中的社会审美特征的存在形式，可以是某种建筑材料的创新使用等等。

风格的另一种含义是把某个时代的重要文化标志，审美对象的美学效果等诸多因素集结在一个概念之中。我们说哥特风格，文艺复兴风格，巴洛克风格，洛可可风格以及国内现在正盛行的"欧陆风格住宅"等等，都把一定历史时期的主要的或大量的建筑物的所显示的特征，用风格二字概括。这类风格一词的说法，可以是一种简单的年代问题，可以被认为是一套规范形式的应用，也可以专指某一时代的一种共同审美追求。

现代建筑的产生是有其浓重的时代色彩的，第一次世界大战以后的家园重建迫在眉睫，钢铁混凝土的大量应用，给满足功能需要提出了要求，具备了物质条件。尽管有"少就是多"，"装饰就是罪恶"等被曲解了的理论的误导，但人们对传统美学的标准并未全面扬弃，建筑构图的原则最传统的理论仍然未被忘记，现代建筑的评价标准仍然表现了对传统美学原则的拓展。

当我们发现，一些被认为违背了传统美学原则的作品在国外屡屡获奖——专业评委会的奖，一些被认为"毫无美感可言"的作品，会在世界范围内的国际竞赛中中头奖，最后被实施。我们还能继续指责评委、设计师以至于业主没有社会责任吗？孰是孰非，这些似乎是建筑评论家的事，但却会反映在我们的建筑评优、方案招标，以至于建筑教育上。细读一些引起争论作品，建筑师对高技术的应用，对自然环境，建筑与环境的关系的考虑，对于人居环境的可持续发展的认识，对历史文脉的理解和重视，对艺术创新的热情都是令人钦佩的。

建筑创作无论有多少理论内涵和技术含量，其成果总都是为人所利用，为人而建。建筑应与环境对话，与历史对话，要利用环境、改善环境、融入环境之中，才有美的愉悦性，自我中心的"鹤立鸡群"的建筑有什么价值可言。热衷于在一个小的城镇搞"三个一"，即一条大道、一幢标志性建筑、一个广场，这只会破坏了环境、背叛了历史。

当代建筑审美潮流中，优秀建筑审美标准已不仅是单纯立面造型上的比例、尺度与均衡，没有环境的分析和理解，没有随着时代前进的创新意识，那就没有达到最基本的要求，只有建筑与环境协调，建筑与时代同步的才能体现满足时代进步的价值观，才值得去进一步探讨传统美学的基本原则的应用。

建筑的基本要素是实用，坚固和美观，自从维特鲁威将它写入《建筑十书》后，他伴随着建筑史走过2000年，它成为建筑创作的基本规律，描述这些基本要素的本质及其内在规律的理论，成了建筑的基本理论。在建筑这部石头写成的史书上，"实用"除了精神上的功能，还有建筑作为物质产品的适用功能，坚固则是每一位建筑的建造者都希望达到的。美观则有了特定时代、特定民族、特定地域的不同价值取向，也涉及到"业主"财力的多寡，三位一体对一个单体建筑来说，无疑是较全面的。其中美观可以认为它能把技术功能的内涵加以扩展，覆盖心理范畴，把建筑导向人性。历史上的一些优秀建筑注意到了美观的这一心理功能。人们认为"美的建筑"包含着人在审美中的"移情"作用。人正常情感和理性称为人性，情感是人的喜欢、愤怒、厌恶等心情，它是审美过程中的动力性因素，审美就是主体与美的对象不断交流情感产生共鸣的过程。德国美学家康德（Kant，1724—1804）说："我们称呼自然的或艺术的美的事物常常用些名词，这些名称好像把道德的评判放在根基上的。我们称建筑物或树木为壮大豪华，或田野为欢笑愉快，色彩为清洁、谦逊、温柔，因为它们所引起的感觉和道德判断所引起的心情有类似之处"。他还说："美是道德精神在建筑美中体现出来"。中国的四合院体现着封建时代的伦理道德；皇家的宫殿象征了皇帝的至高无上；哥特教堂要把虔诚的信徒导向天堂；多立克柱式的质朴无华，挺拔向上的男性的雄壮美，爱奥尼柱式的柔美、端庄等等。这些建筑美的涵意那里是一本建筑构图原理所能包含。它们所处的时代需要它们去体现和象征理性和秩序。用历史眼光来看它们是有人性的。应当说，这也是传统美学与构图原理的层次差别。只在可能的情况，才考虑美观，更与传统美学、建筑艺术的审美价值相去甚远，它只是在经济落后的现实中，建造的一个个遮风避雨的"掩体"。

"大自然的报复"；"混乱的城市化"；"技术双刃剑"；"建筑魂的失色"成为北京宪章在世纪之交的凝思。北京宪章写到："当今，城市建设规模浩大、速度空前，城市以往的表面完整性遭到破坏，建筑环境的整体艺术成为新的追求，宜用城市的观念看建筑，重视建筑群的整体和城市全局的协调，以及建筑与自然的关系，在动态的建设发展中追求相对的整体的协调美和'秩序的真谛'。这是走向广义建筑学的宣言，是把我们关注的焦点从建筑单体转换到建筑环境上来。把建筑美拓展到包含了环境美，使其更具生动感人的艺术魅力。

联想和移情，对于美的欣赏，能使美的对象更丰满、更典型、更富有人性。联想是一种合乎审美规律的心理现象，联想以含蓄为前提。高明的艺术家利用含蓄作为诱导欣赏者进入"规定情景"的媒介，是艺术家把欣赏者引向其构思中要达到的艺术理想的桥梁。建筑中对古典符号的变形应用，就是一种含蓄的诱导，恰如其分的变形引用，会让你联想到："一度灿烂之凄凉的遗迹，你消失了，然而不朽，"我还依稀记得你的模样。

悉尼歌剧院在好事多磨中历经了十余年曲折经历问世，其有如洁白的贝壳又似迎风扬起的片片白帆在蓝色的海湾中闪闪发光。伍重的想像力丰富的艺术构思，把欣赏者导入浮想联翩的艺术境界。1980年《世界建筑》第一期把它介绍到国内，一时间，各地的江河湖海出现了众多的"帆影"，一些含蓄一点的，也能让人产生联想，多数则怕你不知道那就是一艘船，船上有帆，帆的尺寸是按照造船厂的图纸做的。这哪里还有美感可言，成了一个大玩具。

通过想象，艺术家感受生活和探索人生的艺术构思能放出理想的光辉，通过联想，欣赏者也能够在有限的感受中领略到更广阔的艺术内容。中国传统的画论总结了一条国画创作的原则："景愈藏，境界愈大；景愈显，境界愈小"。中国园林空间的构成中，有"曲径通幽"中国的四合院有"照壁"挡住你的去路，它们都在"藏"与"显"中，让你产生联想。在蹩脚的电影中"浓眉大眼"的是"好人"，光头小眼的是"坏蛋"，一目了然，变成了儿童剧。建筑中常用的象征手法更忌讳妙肖具体熟知的形象，以取得丰富的联想，来扩大艺术形象的容量。用屈米的话来说就是："提供一条印象多元化的道路，每一位观者都可以提出自己的解释，又导致一种能再解释的缘由"。

在各种流派的争论中，有理论家说：现代建筑死亡了。不久又有理论家说：后现代建筑死亡了。为什么它们一定要死亡才好呢？即便是"病毒"也可留一点作"抗体疫苗"。更何况各种思潮的一些学术见解，能给我们一些启迪，能增添我们创新的活力。

有人说，在现代建筑审美观念中，用"风格"和"流派"去评论建筑，不但无用，反而有害。只有淡化"风格"和"流派"，着力表现当代文化的作品才会对人们产生最大的审美感染力。

参考文献

①朱光潜.西方美学史:(上、下册)[M].北京:人民文学出版社,1979.

②李泽厚,刘纲纪.中国美学史[M].安徽:安徽文艺出版社,1999.

③樊莘森,高若海.美与审美[M].福州:福建人民出版社,1982.

④刘敦桢.中国古代建筑史[M].北京:中国建筑工业出版社,1980.

⑤陈志华.外国建筑史[M].北京:中国建筑工业出版社,1979.

⑥陈志华.北窗杂记[M].郑州:河南科学技术出版社,1999.

⑦侯幼彬.中国建筑美学[M].哈尔滨:黑龙江科学技术出版社,1997.

⑧童寯.新建筑与流派[M].北京:中国建筑工业出版社,1980.

⑨王世仁.理性与浪漫的交织[M].北京:中国建筑工业出版社,1987.

⑩封云.风景这边独好——中国园林艺术[M].沈阳:沈阳出版社,1997.

⑪刘叔成.美育基础知识[M].北京:教育科学出版社,1992.

⑫[英]比尔.里斯贝罗.西方建筑[M].陈健,译.南京:江苏人民出版社,2001.

⑬杨明勋,马双松.最著名的建筑师最辉煌的建筑[M].北京:.中国经济出版社,1992.